Wolfgang Zöller

Das Zeitalter der Blechdosen

Die versunkene Zivilisation des 20. Jahrhunderts

Bleicher Verlag

CIP-Titelaufnahme der Deutschen Bibliothek

Zöller, Wolfgang:
Das Zeitalter der Blechdosen: die versunkene Zivilisation des 20. Jahrhunderts / Wolfgang Zöller. – 1. Aufl. – Gerlingen: Bleicher, 1990
ISBN 3-88350-097-6

3. Auflage 1991

Gesamtherstellung: Ebner Ulm
ISBN 3-88350-097-6

Inhalt

Vorwort

Nach der Steinzeit, der Bronze- und der Eisenzeit gilt die Blechepoche als vierte Kulturstufe der Menschheit. Sie mündete in das Zeitalter der Dosen, das im 20. Jahrhundert seinen Höhepunkt erreichte und kurz nach der zweiten Jahrtausendwende mit der großen Katastrophe endete.
Schon die frühesten uns bekannten Dosen enthielten so unterschiedliche Dinge wie Spieluhren oder Heringe. Dann kam das Pausenbrot dazu, das Bier, die Sonnenschutzcreme, und bald war kein einziger Lebensbereich mehr ausgenommen.
Die Menschen nutzten Dosen als Futtermittelsilo, als Transportcontainer oder auch als Wohnung, sofern sie aus einem speziellen Wellblech gefertigt waren. Sie bauten die Tempel in der Mitte ihrer Städte nicht mehr wie früher aus Stein, sondern in Form von riesigen, dosenförmigen Aluminiumbehältern, oft mehr als hundert Meter hoch, mit großen Glasfenstern versehen.
Diese Blechgefäße, die im 19. Jahrhundert noch weitgehend unbekannt waren, dienten als universelles Aufbewahrungsmittel und wurden schließlich zum Leitbild einer ganzen Stilepoche: dem Zeitalter der Dosen.
Erstaunlicherweise wissen wir heute, im Jahre 3721, über die Ägypter, Griechen und Römer des Altertums mehr als über die Menschen des 20. Jahrhunderts. Sicherlich hat die Gewohnheit, Inschriften auf vergängliches Papier zu drucken, dazu ebenso beigetragen wie der Ersatz eines soliden, aus Granit geschlagenen Opferaltars durch einen Mikrowellenherd.

In diesem Buch wird erstmalig der Versuch unternommen, das in unterschiedlichen Datenbanken ruhende Detailwissen zusammenzutragen.
Die vorliegenden Forschungsberichte beschreiben facettenartig einzelne Aspekte dessen, was wir inzwischen über die Menschen des Dosenzeitalters herausgefunden haben. Verschiedene Beiträge widersprechen sich in einigen Punkten, was als Hinweis auf noch vorhandene, kleine Forschungslücken gewertet werden darf.

Herkenbüttel, im Frühjahr 3721 *Die Autoren*

Der Mensch des Dosenzeitalters
(Priv.-Doz. Dr. Dr. med. H. Kieperer)

Es müssen zähe Burschen gewesen sein, jene Menschen, die im späten 20. Jahrhundert lebten. Sie hielten sich nachweislich in der freien Natur auf, wie die wilden Tiere. Sie ertrugen die harte Strahlung der Sonne, geschützt lediglich durch etwas Fell, das ihnen auf dem Kopf wuchs. Und dennoch handelte es sich um vernunftbegabte Wesen, die sich deutlich von allen anderen Kreaturen unterschieden.
Dies zeigt sich in der Verwendung von Fahrzeugen, die sie benutzten, um damit Staus zu erzeugen, in der Errichtung von riesigen Tempeln, die den offenbar mächtigen Bankgöttern gewidmet waren, im Bau der undurchdringlich dick betonierten und radioaktiv verstrahlten Königsgräber, die bis heute noch nicht erforscht worden sind, oder in der Benutzung von Mikrowellenherden anstelle der bisher gebräuchlichen plumpen, steinernen Opferaltäre. Tiere, die ausschließlich triebgesteuert sind, würden derartiges nicht tun.
Bei aller Anerkennung dieser Leistungen sollten wir nicht vergessen, wie stark das Denken der Menschen um die zweite Jahrtausendwende andererseits noch von der Magie geprägt war. Die beständige Furcht vor ihren Göttern bestimmte das tägliche Handeln. Um beispielsweise die besten Stücke eines gejagten und erlegten Tieres nicht opfern zu müssen, verarbeiteten sie das Fleisch bis zur Unkenntlichkeit. Sie machten daraus unansehnliche, für sie aber offenbar wohlschmeckende »Burger« und glaubten, auf diese Weise speisen zu können, ohne den Neid der Götter hervorzurufen. Oder sie verpack-

ten die edelsten, vitamin-, eiweiß- und proteinreichen Teile in Blechdosen, die sie mit irreführenden Aufschriften wie »Hunde-« oder »Katzenfutter« versahen. Sogenannte »Götterspeise« dagegen stellten sie aus geruchsneutralem Pulver und Wasser her. Daraus konnten sie ein leuchtendfarbiges Mahl zubereiten, das sich zudem im Mikrowellengerät fast ohne Rest verbrennen ließ.

Wahrscheinlich war es auch die Aufgabe der vielen Totems, die sie entlang ihrer Straßen aufstellten, die Götter abzulenken – von Wasserstellen, Vorratskammern oder sonstigen Orten der damaligen menschlichen Belustigung.

Angesichts dieser tiefverwurzelten Angst ist es wenig erstaunlich, daß manch ein Priester versuchte, seine Macht über die Maßen zu nutzen. Das ging so weit, daß sie dem Gott des Verk-Ehrs (mitunter auch »Verkehr« geschrieben) Menschenopfer darbrachten.

Insgesamt gesehen lebten unsere Vorfahren kurz vor der zweiten Jahrtausendwende in einem Kulturstadium, das noch fest eingebunden war in die Furcht vor den Göttern, und ihre täglichen Handlungen waren durch zahlreiche Tabus beschränkt.

Auf dem Weg zu dem freien Denken, das wir heute gewohnt sind und das sich einzig an der Vernunft orientiert, lagen viele Hindernisse, die zu überwinden waren, und viele Schranken, die abgebaut werden mußten.

Die grosse Katastrophe
(Dipl.-Hist. Alan T. Miller)

Offenbar wußten die Menschen am Ende des 20. Jahrhunderts davon, daß eine Katastrophe bevorstand. Entsprechend waren auch ihre Ängste. So fürchteten sie sich vor einem großen Krieg, einer großen Bombe, einem großen Reaktor, ja sogar vor einer großen Klimaschwankung. Doch dann kam alles ganz anders.

Es begann mit der Entdeckung der segensreichen Wirkung gewisser künstlicher Düngemittel. Der Einsatz dieser Mittel war immer stärker angestiegen und hatte kurz vor dem Jahr 2000 unglaubliche Ausmaße angenommen. Es kann den Menschen damals kaum entgangen sein, wie sehr sie auf diese Weise nicht nur das Erdreich, sondern ihre ganze Umwelt langsam vergifteten.

Auf der Suche nach einer Alternative, die auch ohne negative Nebenwirkungen die landwirtschaftliche Produktion steigerte, haben sie wohl die Schmetterlingsblütler entdeckt. Beispielsweise den Klee, der aus dem Stickstoff der Luft lautlos und scheinbar ohne Kraftaufwand Ammoniak erzeugt. Um das gleiche auf künstlichem Weg zu erreichen, würde man 200 Atmosphären Druck und eine Temperatur von 500 Grad Celsius benötigen. Die Menschen hätten also mit Hilfe dieser Pflanze ihren Lebensraum schonen und dennoch reich ernten können.

Da sie aber damals sicher nicht anders beschaffen waren als wir heute, dürfte die große Katastrophe folgendermaßen ausgelöst worden sein: Einige fanden, der Klee sei zu teuer, andere, er wirke zu langsam, und wieder andere waren der Meinung, es müsse bestimmt noch bessere Lösungen geben. So forschten sie weiter und veränderten die Pflanze, damit sie mehr Ammoniak produzierte. »Schon besser«, meinten einige dann, »aber die Leistung müßte sich eigentlich weiter steigern lassen.«

Sie probierten es mit etwas Gentechnik und veränderten den Klee, denn er sollte sich schneller vermehren. »Der Ansatz stimmt, aber reine Ammoniakdüngung ist doch einseitig«, mäkelten sie dann wieder und fügten hinzu: »Die Böden sind sehr unterschiedlich. Also genügt uns eine Sorte der Wunderpflanze nicht.«

So werden sie weitergeforscht haben, bis eines Tages der Leiter einer der angesehensten biogenetischen Institute vor dem Eingang seines Laborgebäudes genau den Klee wachsen sah, den er selbst entwickelt hatte.

»Das darf nicht sein«, stellte er fest, und weiter: »Das ist auch gar nicht möglich. Denn sicherheitstechnisch kann der Klee gar nicht aus dem Gebäude heraus. Nicht ein Samenkorn.«

Er rief seinen Labordirektor, der dann ebenfalls behauptete: »Das kann nicht sein. Heute morgen jedenfalls war er noch nicht hier.« Er könnte es so gesagt haben, obwohl er es anders gesehen hat.

Noch während sie miteinander redeten, vermehrte sich das Pflänzchen unverdrossen weiter. »Wenn wir nichts unternehmen, wird er immer weiterwachsen«, sagten sie sich und überlegten, was zu tun sei.

Vielleicht vergossen sie Pflanzenvernichtungsmittel mit einer Gießkanne und umhüllten den Zaun, der ihr Gelände abgrenzte, mit einer keimfreien Folie.

Dennoch wird der Klee am Nachmittag auf allen Nachbargrundstücken gewuchert sein. Die Kleinlauten unter den Menschen fürchteten, er könnte außer Kontrolle geraten. Die Tüchtigen aber werden Bulldozer bestellt und das Terrain großräumig abgeriegelt haben.

Der Klee indessen vermehrte sich weiter. Seine Bakte-

rien verwerteten nicht nur die Luft, sondern auch das Kalzium, das in vielen Baustoffen enthalten war, vor allem aber im Beton. Es bekam dem Pflänzchen ausgesprochen gut, genau wie es vielleicht einige Laboringenieure vermutet hatten, aber bisher nicht beweisen konnten. Bald entstanden kleine Ausfransungen an den Rändern der Autobahndecken und einiger Gebäudefassaden; sie wurden dann größer, und als auch die Fundamente angefressen waren, konnte nichts mehr standhalten.
Durch die fleißige Vermehrung des Klees und der damit verbundenen Verarbeitung von Stickstoff aus der Atmosphäre sank der Luftdruck. Eine Kette von Tiefs war die zwingende Folge mit dem Ergebnis langandauernder und ergiebiger Regenfälle, die das Wachstum der grünen Pflänzlein kräftig förderten.
Die Menschen konnten nun nicht mehr Auto fahren, wohnen oder arbeiten, sondern nur noch waten. In Wüstengebiete, in denen absolut nichts mehr wuchs. Dort nahm ihre Zahl schnell ab, und die Hitze beeinträchtigte ihr Denkvermögen. Die wenigen, die überlebten, wußten nicht mehr viel von ihren Vorfahren. Und auch das vergaßen sie bald.
Die Kleetheorie erklärt einigermaßen schlüssig, warum es heute kaum noch Gebäude aus Beton gibt. Dabei müssen sie im 20. Jahrhundert sehr häufig gewesen sein. Lediglich die Königsgräber sind übriggeblieben mit ihren meterdicken Kuppeltürmen, die in Gundremmingen, Mülheim-Kärlich oder Hamm-Uentrop eine Touristenattraktion darstellen.
Diese Theorie über den Untergang der Dosenkultur wird von vielen Experten heute als die richtige angesehen. Doch was wissen wir tatsächlich? Was ist an beweisbaren Fakten vorhanden? Es läßt sich in zwei Sätzen sagen:
Die große Katastrophe ereignete sich im Februar des

Jahres 2022. Sie war nur kurz, und nur wenige Menschen überlebten sie.

Das ist genaugenommen alles, was wir heute, 1700 Jahre danach, mit Sicherheit sagen können. Der Rest ist nichts weiter als Vermutung, Spekulation oder auch kühne Gedankenkonstruktion. Gerade diese schmale Basis unseres Wissens muß den Intellekt in besonderem Maße gereizt haben. Deshalb sind viele durchaus scharfsinnige Theorien entstanden, die aber alle von dem gleichen Dilemma gekennzeichnet sind: Sie sind so gut wie nicht zu widerlegen, aber eben auch nicht zu beweisen.

Ob sich dieser Zustand jemals ändern wird, darf bezweifelt werden, denn die Aufgabe ähnelt in ihrer logischen Struktur der Frage: Ist ein Haus deshalb eingestürzt, weil die Mauern zu schwach waren, oder war das Erdbeben zu stark?

Wer eine Antwort sucht, wird rasch feststellen, daß unterschiedliche Auffassungen sich nicht widersprechen müssen, auch wenn es auf den ersten Blick so wirkt.

Es soll hier deshalb auch die Erdschrumpfungstheorie dargestellt werden, jener zweite Erklärungsversuch also, der ebenfalls von wissenschaftlicher Seite ernstgenommen wird. Ihn favorisieren vor allem jene Forscher, die nicht an selbstzerstörerische Kräfte im Menschen glauben oder nicht an die Fähigkeit der damaligen Einwohner, mit ihren primitiven Mitteln weltweit wirkende Vernichtungsmechanismen auslösen zu können.

Während nach der Kleeversion die Menschen selbst an ihrer Katastrophe schuld waren, unterstellt die Erdschrumpfungstheorie eine naturgesetzliche Zwangsläufigkeit, die nicht beeinflußbar ist.

Man geht dabei von der bekannten Tatsache aus, daß unser Planet im Innern noch rotglühend und flüssig, die Kruste jedoch inzwischen erkaltet und fest ist. Nach den Gesetzen der Physik setzt sich diese Abkühlung weiter fort. Langsam zwar und unmerklich, aber stetig.

Da erwiesenermaßen kalte Körper kleiner sind als warme, wird auch der Durchmesser unseres Planeten schrumpfen. Wegen der erstarrten Erdkruste aber kann das nicht kontinuierlich geschehen, sondern ruckartig und in Abständen. Dieser naturgesetzlich ablaufende Vorgang, bei dem die etwas zu groß gewordene Oberfläche unseres Planeten sich einem kleineren Umfang anpassen muß, führt unter anderem auch zur Entstehung von Gebirgen.

Eine solche Erscheinung findet etwa alle 1500 Jahre statt. Das zeigen jedenfalls die Modellberechnungen. Theoretisch ist also die nächste große Katastrophe seit etwa 200 Jahren überfällig. Es gibt nicht wenig Kritiker, die glauben, nur deshalb würde die Erdschrumpfungstheorie so gerne diskutiert. Dabei vergessen sie, wie einfach und problemlos mit ihr Vorgänge erläutert werden können, für die es anderweitig nicht einmal einen Erklärungsversuch gibt.

So ging etwa 1500 Jahre vor der großen Katastrophe das Römische Reich unter. Die Folge davon waren jahrhundertelange Völkerwanderungen. 1700 Jahre davor verschwand plötzlich die mykenische Kultur und gleichzeitig die der Hethiter. Die daraufhin einsetzenden Wanderungen der sogenannten Seevölker bedrohten die Existenz des ägyptischen Reiches. Wiederum etwa 1500 Jahre früher endete die Herrschaft der Sumerer in Ur und damit auch die erste Hochkultur, die wir kennen. Noch einmal 1500 Jahre früher fand die Sintflut statt.

War demnach die große Katastrophe gar nicht die »große«, sondern nur eine in einer langen Kette von zwangsläufig auftretenden natürlichen Erscheinungen? Sie war beides, wie sich leicht zeigen läßt. Da nämlich jede dieser plötzlich untergegangenen Zivilisationen höherstehend war als ihre Vorgängerin, muß auch der Schaden, der bei ihrem Untergang entstand, größer und gewichtiger gewesen sein als früher.

Zwar hatten die letzten Bewohner der sumerischen Hauptstadt noch hervorragende Spezialisten, die Fernwasserleitungen instand halten konnten, aber keinen mehr, der wußte, wie eine neue zu bauen war. Denn bereits Generationen vor ihrem Untergang waren sie ausreichend damit versorgt gewesen. Ebenso geht auch die Fähigkeit, Feuer zu machen oder einen Hasen mit bloßen Händen zu fangen, nach drei Generationen verloren.

Nach der Katastrophe der Sumerer gab es weder Wasser in der Hauptstadt noch funktionierende Abwasserkanäle. Das Ausbessern war ihnen teilweise möglich, aber nicht an solchen Stellen, an denen durch die Erdschrumpfung das Gefälle nicht mehr stimmte. Hier hätte die Leitung völlig neu verlegt werden müssen; die Fähigkeit dazu hatten sie jedoch verloren. Die Sumerer waren also gezwungen, ihre Hauptstadt zu verlassen und auf dem Land zu wohnen, wo sie sich vermutlich an einigen Oasen selbst dezimiert haben werden.

Die Menschen des Dosenzeitalters wurden hingegen wohl vielfältiger und härter getroffen. Sie sind in Liftanlagen, die sich nicht mehr bewegten, verdurstet, sie erlitten Herzversagen, weil der Fernsehapparat plötzlich ausgefallen war, aßen vergiftete Nahrung, da ihr Kühlschrank nicht mehr arbeitete, oder wurden an Kreuzungen überfahren, deren Ampeln plötzlich falsch anzeigten.

Nichts funktionierte mehr; nicht einmal die Nachricht, daß nichts mehr funktionierte, konnte verbreitet werden. Somit erklärt die Erdschrumpfungstheorie auch, warum wir so wenig über sie wissen.

Der Mythos der ewigen Prozession
(Domkapitular Franz Josef Maier)

Die große Leidenschaft der Menschen des Dosenzeitalters müssen Prozessionen gewesen sein. Mehr als die Hälfte aller Funde aus dieser Zeit lassen sich damit in direkte Verbindung bringen, die meisten aber zumindest indirekt.

Am auffallendsten ist zunächst die ungeheure Zahl und schier unendliche Länge der Hünen- oder Heunenstraßen. Dem geübten Auge des über die Lande Fliegenden sind sie auch heute noch sichtbar. Kilometer um Kilometer ziehen sie sich schnurgerade oder nur leicht gekrümmt durch die Landschaft. Zwar wächst Gras, Gebüsch oder Wald darüber, zwar fehlen Brücken, aber dennoch gehört nur wenig Phantasie dazu, wenn man sich den ursprünglichen Zustand vorstellen will.

So deutlich uns heute dieses Straßennetz erkennbar ist, so offensichtlich scheint uns auch der Zweck dieser Bauten: Es müssen Verkehrsverbindungen gewesen sein, die einen raschen Ortswechsel ermöglichen sollten. Darauf deuten auch die Funde von sogenannten Automobilen hin, die teilweise schon von ihrem Aussehen her für hohe Geschwindigkeiten konstruiert worden sein müssen.

So scheint es aber nur, wie eine einfache Rechnung zeigt. Wenn man nämlich weiß, daß manche Trassen fast immer 40 bis 50 Meter breit sind und die uns bekannten Automobile nur zwei Meter, dann können zwanzig Autos gleichzeitig fahren. Wenn jedes mit vier Leuten besetzt ist, wären das also 80 Personen. Angenommen, alle zehn Sekunden würde ein neuer derarti-

ger Pulk starten, so wäre innerhalb eines einzigen Tages auf diese Weise eine Stadt von knapp 700 000 Einwohnern völlig evakuiert. Wohlgemerkt: Diese Modellrechnung bezieht sich auf eine einzelne Straße. Tatsächlich gab es ja viele. Somit könnten bei der vermuteten Bevölkerungsdichte, die sicherlich geringer war als heute, alle Personen, die damals lebten, gleichzeitig unterwegs gewesen sein.
Da aber ganz sicher nicht diejenigen Menschen, die im Süden ihres Landes gewohnt haben, ausnahmslos an ein und demselben Tag in den Norden wollten oder umgekehrt, muß das Netz von Straßen andere Gründe gehabt haben. Schließlich darf man auch nicht vergessen, welch riesiger Aufwand allein in den notwendigen Erdbewegungen für solche Bauten steckt. Kein Mensch schuftet ohne Motiv. Es muß also etwas Besonderes gewesen sein, das die Menschen damals anspornte. Etwas, das nichts mit dem schlichten Wunsch zu tun hatte, von einem Ort zum anderen zu gelangen.
Für die Richtigkeit dieser Vermutung gibt es mehrere Hinweise. So wurden die großen Straßen, deren Trassenverläufe uns heute noch überall begegnen, erst gebaut, als es schon längere Zeit Flugzeuge in den unterschiedlichsten Versionen gab. Welchen Grund mag es aber für den Steuermann eines Drehflüglers gegeben haben, Geld für eine Straße zu spendieren?
Schließlich ist zu beachten, daß meistens relativ kleine Automobile mit vier, manchmal sogar mit nur zwei Sitzplätzen benutzt wurden. Wenn sich wirklich eine so große Zahl von Menschen von einem Ort zum anderen bewegen wollte, wie uns das Straßennetz glauben machen will, so hätten sie sicher auch größere Fahrzeuge gebaut. Vor allem stabilere. Solche, die nicht rostanfällig sind und nicht von einem leicht angesäuerten Regen zerfressen werden können.
Außerdem produzierten die Motoren dieser Wagen

hochgiftige Abgase, die unverdünnt schon nach wenigen Minuten tödlich wirkten. Für den alltäglichen Gebrauch waren diese Fahrzeuge also sicher nicht gedacht. Ein Einsatz in größerem Stil hätte gesundheitliche, ja sogar klimatische Risiken mit sich gebracht.
Über den wahren Grund für die damalige Bauwut, die sich in den viel zu großen Straßen und viel zu kleinen Fahrzeugen austobte, würden wir wohl noch immer spekulieren, wenn sich nicht auf wunderbare Weise eine Drittelseite der »BILD«-Zeitung über die Jahrhunderte bis zu uns gerettet hätte. So aber wissen wir von dem Triumph, der am 21. Juli 1986 gefeiert wurde und die Herausgeber zu einer überdimensionalen Schlagzeile veranlaßte:

80 Kilometer Stau!!

Wenn wir den Sinn dieser Überschrift verstehen wollen, müssen wir uns vergegenwärtigen, was es bedeutet, komplizierte Wagen zu konstruieren, die von Tausenden von Menschen mit mühsam erspartem Geld gekauft werden müssen. Sie steuerten die Wagen eigenhändig zu einer bestimmten – sicherlich von den Priestern vorgegebenen – Zeit auf einer – wahrscheinlich von den Astronomen errechneten – Strecke, um den Triumph der Zusammenarbeit Zehntausender miterleben zu dürfen: einen Stau von 80 Kilometern Länge. Die Motivation für ein solches Tun – ein dem offensichtlichen Zweck der Gesamtanlage widersprechender Erfolg – kann nur im religiösen Bereich gesucht werden. Alles, was der raschen Fortbewegung dienen kann, sich in einem einzigen Stau versammeln zu lassen – was ist das anderes als ein Opfer?
Mit dieser religiösen Interpretation verfügen wir auch über die Möglichkeit, viele Erscheinungen zu deuten, die sonst rätselhaft geblieben wären. Zum Beispiel las-

sen sich die viel zu starken Motoren der kleinen Fahrzeuge so erklären, daß man dem Gott Verk-Ehr würdig begegnen wollte. Auch der hohe Ausstoß an Giftstoffen hatte einen religiösen Zweck. Es wird vermutet, daß die Teilnehmer einer solchen heiligen Autoprozession allmählich in Trance verfielen, wenn sie nur lange genug die Kohlenmonoxyde und die Stickoxyde inhaliert hatten. Dies war auch beabsichtigt, wie die Untersuchung des Ventilationssystems in diversen Fahrzeugen ergab.
Um den rituellen Großveranstaltungen den richtigen Rahmen zu geben, standen die Priester auf stählernen Altären, etwa acht bis zehn Meter über den Fahrzeugen. (Rekonstruktionen befinden sich heute im Frankfurter Tempelmuseum.)
Über die Dauer einer solchen Fahrzeugansammlung haben wir keine zuverlässigen Informationen, und die Meinungen darüber gehen noch weit auseinander. Da es aber komplett eingerichtete, fahrbare Wohnungen gab, die an ein Auto gekoppelt werden konnten, dürften sich manche dieser Staus nicht nur räumlich, sondern auch zeitlich einigermaßen in die Länge gezogen haben.
Eine Prozession, die um ihrer selbst willen durchgeführt wurde, gab es aber nicht nur für Fahrzeuge in Form der Staus. Für Fußgänger wurden Prozessionen veranstaltet, die rennend zu absolvieren waren und »Marathonläufe« hießen. Prozessionen für Segelboote wurden »Regatta« genannt, für Fahrräder »Tour de France«. Die Prozession von Prozessen lief über den Instanzenweg, die von Fährschiffen über den Ärmelkanal und die von Touristen über den Brennerpaß.

Der Bankkult
(Msgr. Giovanni Pedro Pino)

Das Phänomen der epidemieartigen Ausbreitung einer neuen Religion ist in der Geschichte der Menschheit immer wieder, wenn auch nicht regelmäßig, zu beobachten. So muß es auch gegen Ende des zweiten Jahrtausends gewesen sein, als der sogenannte Bankkult zur beherrschenden Weltanschauung auf dem Erdball wurde.
Durch die Ausgrabungen der zentralen Kultstätten in Frankfurt wissen wir, daß die Banktempel dort eine Höhe von über hundert Metern gemessen haben müssen. Da inzwischen fünf derartige Anlagen in einer Entfernung von weniger als vierhundert Metern gefunden wurden, können wir annehmen, daß diese neue Religion weit einflußreicher war und das Leben des einzelnen mehr bestimmt hat als ihre Vorgänger. (Zum Vergleich: Der etwa hundert Jahre ältere Tempel der protestantischen Kirche in Husum hatte nach zuverlässigen Schätzungen eine Höhe von 14 Metern.)
Über den Inhalt dieser Religion ist nichts erhalten geblieben. Es hat sich wohl um einen Geheimkult gehandelt, zu dem nur Eingeweihte zugelassen waren, die sich wiederum in Bruderschaften aufteilten. So gab es die Deutschen, die Dresdner und die Commerzen. Jede dieser Gruppen errichtete einen eigenen Tempel, den sie »Bank« nannten.
Die Grundrisse ähneln einander sehr, wie wir von den Ausgrabungen vieler kleinerer Anlagen wissen. Allerdings konnte bisher nur selten mehr als der Grundriß der Tiefgaragen freigelegt werden. Aus ihrer Größe

kann dann in etwa auf die ursprüngliche Kulthalle geschlossen werden.
Stets war der Versammlungssaal, das Zentrum des Gebäudes, so groß angelegt, daß alle Mitglieder darin Platz hatten. Die Eingänge dürften wohl die meiste Zeit verschlossen gewesen sein. Damit keine Unbefugten den Tempel betraten, waren sie abgesichert durch automatische Wächter, die »Bancomat« genannt wurden. Erst wenn man sich vor ihnen durch seine Bruderschaftsnummer ausgewiesen hatte, öffnete sich das Tor.
Der Versammlungssaal selbst war dreigeteilt. Die größte Fläche war den einfachen Mitgliedern, den Kontos, gewidmet. Eine kleinere, die oft deutlich abgetrennt war – wohl um den besonderen Status zu betonen –, blieb den Bänkelsängern vorbehalten.
Für alle sichtbar, aber unnahbar, war die kleinste Fläche den Priestern dieses Kultes bestimmt, die man »Bankire« nannte. Sie hielten sich hinter Glasscheiben mit einer Dicke von fünf bis sieben Zentimetern auf.
Die bislang ausgegrabenen Tempel verfügen ausnahmslos über einen Raum, der besonders starke Mauern hat. Dort fanden sich Gold, farbige Steine und kunstvoll bedruckte Papiere; alles für die damals Lebenden wohl wertvolle Dinge.
Wie Prof. Dr. Haferkamp in seinem sehr lesenswerten Buch »Die griechischen Tempel der Antike« ausführt, war es seit jeher eine Aufgabe religiöser Gebäude, als Schatzkammer zu dienen und in Kriegszeiten als Zufluchtsstätte und Schutzburg. Er glaubt sogar, der Name Frankfurt leite sich daraus ab. (Franken = Geld; Fort = sicherer, befestigter Ort.) Diese Auffassung ist jedoch noch umstritten.
Allerdings dürfte die Annahme richtig sein, daß unser heutiges Wort Bunker von der Bezeichnung dieses damals wohl »Banker« genannten, dickwandigen Zimmers herrührt.

Da es sich um einen Geheimkult gehandelt hat, wissen wir leider nichts über die Zeremonien, die in diesen Tempeln stattfanden. Es könnte sein, daß dort Festgelage gefeiert wurden (sogenannte Bankette). Wenn dies auch nicht beweisbar ist, so gibt es andererseits bis jetzt keine Aspekte, die dagegen sprechen. Die immer wieder geäußerte Vermutung, es habe sich um rituelle, manchmal sogar ausschweifende Geldtransaktionen gehandelt, ist jedoch mit großer Wahrscheinlichkeit falsch.
Finanzinstitute jener Zeit waren die Sparkassen. Dies ist sowohl durch Ausgrabungen vielfältig bestätigt, als auch von der Bezeichnung her überzeugend. Zweitens ist im Umgang mit dem Gelde Diskretion das oberste Gebot. Da aber in den Bankentempeln große Mengen an Glas verarbeitet wurden (sogar für die Fassaden), waren sie für vielerlei geeignet, nur nicht für vertrauliche Geschäfte.
Drittens schließlich sind sie viel zu groß. Um Bares zu tauschen, genügt ein Tisch. Es ist zwar nicht völlig ausgeschlossen, daß sich in einer Ecke ein Geldwechsler betätigt haben mag, aber die Tempel selbst müssen aus anderen Gründen errichtet worden sein.
Weiterhin erscheint es zweckmäßig, daß jede Siedlung nur eine Geldhandelsstelle aufweist. Denn nur dann werden unnötige Wege erspart und ein schneller Tausch ermöglicht. Soweit wir aber wissen, war jede Bruderschaft bestrebt, über möglichst viele Tempel verfügen zu können.
Dennoch hält sich hartnäckig die These, beim Bankkult sei es nur ums Geld gegangen. Für die Entstehung dieser Behauptung gibt es mehrere Gründe.
Erstens: Die Errichtung dieser großen Tempel und deren Unterhalt haben solche Summen verschlungen, daß die Mitglieder einer Bruderschaft ständig neue Mittel zur Verfügung stellen mußten. Entweder war man steinreich, oder aber der Bankkult war eine große finan-

zielle Belastung. Deshalb gab es Leute, denen bei dem Wort Bank auch immer gleich das Wort Geld einfiel.
Zweitens könnten die Schätze, die im »Banker« aufbewahrt wurden, für manchen Zeitgenossen Grund genug gewesen sein, ständig an den Banktempel und seinen Reichtum gedacht zu haben.
Zum Schluß möchte der Verfasser noch seine eigene Meinung zur Diskussion stellen: Bei den Ausgrabungen der Tempel wurden zunächst die unterirdischen Tiefgaragen gefunden. Die Zugänge zu diesen Kavernen waren gesichert und konnten mit bestimmten Münzen oder scheckkartenähnlichen Scheinen geöffnet werden, die wahrscheinlich von den ersten Entdeckern für richtiges Geld gehalten wurden.
Obwohl der Bankenkult also noch nicht gänzlich erforscht ist, dürfen wir annehmen, daß es sich dabei um die erste wirklich weltumspannende Religion in der Geschichte der Menschheit gehandelt hat. Denn ähnliche Anlagen wie in Frankfurt wurden inzwischen in Tokio, Sydney, Buenos Aires, New York, Kalkutta und Hongkong gefunden.

Die Herrschaftsstrukturen
(Dipl.-Soz. B. T. Hundertpfund)

Nicht jeder, der Macht hat, zeigt sie auch. Deshalb ist die Erforschung von Herrschaftsstrukturen schon in bestehenden Gesellschaftsordnungen schwierig. Noch problematischer wird es aber, wenn man herausfinden will, wer früher über wen herrschte.
So wissen wir zwar von mächtigen Priestern des Kultes der Banken und der Prozessionen. Aus vergleichenden soziologischen Analysen ergibt sich aber, daß Priester in keiner Gesellschaftsordnung die Inhaber der alleinigen Macht sind. Sie sind vielmehr stets die Wissenden, die den tatsächlich Herrschenden zur Seite stehen: der Medizinmann dem Häuptling, der Erzbischof dem Kaiser, der Pfarrer dem Bürgermeister.
Auf der Suche nach denen, die damals regierten, kam man zuerst auf die Präsidenten, Kanzler und Minister. Man vermutete, daß sie die Gesetze beschließen durften. Es sind nur wenige Vorschriften aus der damaligen Zeit im Wortlaut erhalten. Aus ihnen läßt sich aber deutlich ersehen, daß die Gesetzgeber jener Zeit nicht zu den Mächtigen gehört haben können.
Man denke nur an die 32. Änderung zur Änderung des Paragraphen 16, Absatz 3, Satz 9 der Besoldung von Beamten des gehobenen Dienstes! (Es gibt weitere, ähnliche Verordnungen.) Hier verrät allein die Überschrift, daß für solche Werke wahrscheinlich Sträflinge beschäftigt wurden, aber keine weitblickenden und verantwortungsvollen Entscheidungsträger.
Die wirklich Einflußreichen müssen wir also an anderer Stelle suchen. Wie so oft, wenn uns keine Berichte vor-

liegen und auch Ausgrabungen nicht weiterhelfen, tragen wir dennoch einen Schlüssel zum Verständnis in uns. Denn die Sprache speichert viele Weisheiten unserer Väter getreu auf. Wir müssen sie nur verstehen lernen.

Mit Hilfe linguistischer Verfahren konnten wir nun herausfinden, daß die herrschende Schicht damals »Stühle« waren. Ein Begriff, der heutzutage leider nur noch sehr eingeengt verwendet wird und eine Sitzgelegenheit bezeichnet. Früher jedoch muß die Bezeichnung »Stuhl« ein Ehrentitel für Herrschende gewesen sein.

Wie und wann sich der Übergang von Kaisern und Königen zu den Stühlen vollzogen hat, können wir noch nicht genau sagen. Jedoch werden wir kaum fehlgehen, wenn wir annehmen, daß der Wechsel von einer Herrschaftsstruktur zur anderen gewaltsam verlief. Alte Flur- und Ortsnamen wie Kaiserstuhl, Königsstuhl oder Landstuhl in der Pfalz zeugen wahrscheinlich von den Schlachten, die an jenen Plätzen stattfanden.

Die Verleihung des hohen Amtes wurde »Stuhlgang« genannt. Der neue Titelinhaber war auf Lebzeiten in die Kaste der Mächtigen aufgenommen und hatte sich damit auch den Regeln dieser Gruppe zu unterwerfen. So werden auch Formulierungen verständlich wie: Er klebt an seinem Ministerstuhl; er befindet sich zwischen zwei Stühlen oder auf einem Schleudersitz.

Entsprechend dem ersten Lehrsatz der Herrschaftsforschung konnte man auch hier feststellen, daß sich im Laufe der Zeit mehr und mehr Menschen danach drängten, zu den Stühlen zu gehören. Der Oberpriester (der Bankentempel?) wurde zum »Heiligen Stuhl« ernannt, ein Gelehrter war stolz darauf, mit »Lehrstuhl« angeredet zu werden, und die Karriere ehrgeiziger Syndikatsbosse endete auf dem elektrischen Stuhl.

Um nun aus der wachsenden Zahl die wirklich Mächtigen erkennen zu können, mußte weiter differenziert werden. Deshalb unterschied man später in Stühle und Sessel. Wobei Sessel die tatsächlich Herrschenden waren und Stühle der Schicht direkt darunter angehörten. Das Wort »Sessellift« umschrieb die Beförderung in höchste Ämter.

Im Gegensatz dazu gab es diejenigen ohne Stuhl. Bildlich gesprochen, die Stehenden. Analog zu den Stühlen nannte man sie die Besohlten oder, wie es im Altdeutsch der Zeit um das Jahr Zweitausend geschrieben wurde, die Besoldeten. Hierzu gehörten die Soldaten und die breite Mittelschicht, die in Besoldungsgruppen untergliedert war.

Ganz am unteren Ende der Gesellschaftsstruktur lebten jene Leute, die weder einen Stuhltitel hatten, noch besoldet waren. Also die Unbesoldeten oder auch Unbescholtenen. Sie waren die Ärmsten in dieser Zeit.

Die Technik um die zweite Jahrtausendwende
(Dr.-Ing. H. Ratke)

Der Mensch der Dosenzeit schuf erstmals eine den Erdball umspannende Kultur. Sie zeigt sich im Bankenkult, der ersten weltumgreifenden Religion, in den Stahl- und Nylonhelmen, der ersten Mode, die auf dem ganzen Planeten gleich gewesen ist, und im Gebrauch von Dosen natürlich.
So wurden völlig identische Exemplare mit der Aufschrift »Löwenbräu« in Marakusch am Atlantik, in Mekele am Roten Meer, in Melbourne am Südpazifik und im Frankfurter Bankheiligtum gefunden. Dies beweist nicht nur einen durchorganisierten Handel rund um den Globus, sondern auch einen einheitlichen, künstlerisch hochstehenden Geschmack, wie man aus der Bemalung dieser Gefäße sehr schön erkennen kann.
Trotz dieser unbestreitbaren Leistungen waren die damals Lebenden keineswegs jene technikbegeisterten Menschen, als die wir sie heute gerne sehen. Sie haben auch nicht ein Verkehrssystem geschaffen, um ihre Umwelt und sich selbst zu ruinieren. Technik war für sie Spielerei oder wurde aus religiösen Gründen betrieben.
Welchen Grund sollte es damals auch gegeben haben, möglichst rasch von Frankfurt nach Melbourne zu eilen? Nur um Löwenbräu zu trinken? In einem australischen Hotel, das sich in nichts von einem japanischen, amerikanischen, ceylonesischen oder in Frankfurt errichteten unterschied? Aus einer Aluminiumdose, die überall auf der Welt erhältlich war?
Auch wird wohl kein vernünftiger Mensch nach Paris

gereist sein, um zu überprüfen, ob ein bestimmter Turm oder ein anderes Gebäude wirklich genau so aussah, wie er es von Hunderten von Bildern her kannte.

Technik in unserem Sinne, Konstruktionen und Verfahren also, die dem einzelnen dienen – sei es zu seiner Bequemlichkeit oder zur Steigerung seiner Leistungsfähigkeit –, gab es eigentlich nur auf dem Gebiet der bewegten Bilder, der Klimaanlage und eben der Dosen.

Dank der bewegten Bilder war es nicht mehr notwendig, selbst durch die Wälder zu streifen oder gar fremde Länder aufzusuchen, um sein Wissen über die Welt zu erweitern. Man konnte alles in seinem Heim betrachten.

Die Klimaanlage erlaubte es, tropische oder arktische Wetterverhältnisse zu simulieren. Jedermann konnte sich somit in kürzester Zeit in jede beliebige Umgebung versetzen lassen. Da er nicht mehr auf den Lauf der Jahreszeiten angewiesen war, erlebte er mehr als ein körperlich Reisender noch wenige Generationen vor ihm.

Um von Honolulu bei Nacht im Sommer auf Zermatt bei Tag im Winter umzuschalten, benötigte man nur wenige Knöpfe der Klima- und der Videoanlage. Wer keinen Drang in die Ferne hatte, konnte ansonsten überall auf dem Globus zu genau gleichen, behaglichen Bedingungen leben, bei gleichbleibender Raumtemperatur und gleichbleibender Luftfeuchtigkeit.

Die Löwenbräudosen beweisen auch, daß damals niemand auf der Welt Hunger oder Durst leiden mußte. (Mekele und Marakusch sind heute Wüstengebiete.) Der organisierte Handel und die Möglichkeit der stabilen Verpackung in Dosen löste alle damit verbundenen Probleme.

Vor diesem Hintergrund eines Lebensumfeldes, das keinen Mangel kannte, verstehen wir die relative Genügsamkeit der Menschen. Sie waren zufrieden, wenn sie

aus einer Dose gutes Bier trinken konnten, ihnen eine Klimaanlage angenehme Temperaturen besorgte und auf einer Wand bewegte Bilder zu sehen waren.
Andere Geräte oder Entwicklungen wurden eher als Spielerei oder des religiösen Inhalts wegen betrieben. Hierfür gibt es neben den so unsinnig konstruierten Fahrzeugen viele weitere Beispiele. Alle Tastaturen der damaligen Computer hatten die Ziffern in folgender Form angeordnet:

7	8	9
4	5	6
1	2	3
	0	

Alle Telefone aber besaßen diese Tastatur:

1	2	3
4	5	6
7	8	9
	0	

Wären für die Menschen des Dosenzeitalters Computer und Telefon wirklich wichtig gewesen, so hätten sie diese Geräte doch vereinheitlicht. Da sie aber nur damit spielten, haben sie diese Mängel auch nicht gestört.
An vielen weiteren Beispielen läßt sich zeigen, daß Geräte um der Geräte willen weiterentwickelt wurden: Die Stereoanlagen konnten verzerrungsfrei und mit hoher Qualität Töne verstärken, die außerhalb des hörbaren Frequenzbereichs liegen. Die Menschen besaßen Fotoapparate, deren Objektive ein hundertmal besseres Auflösungsvermögen besaßen als die Filme, die sie damit belichteten. An ihren Handgelenken trugen sie Zeitmeßgeräte, mit denen sie unter anderem auch Hundertstelsekunden ablesen konnten, und das, obwohl allein das Drücken des entsprechenden Knopfes länger als eine Zehntelsekunde gedauert haben muß. Dies alles sind Dinge, die ein nüchtern denkender Mensch nicht konstruieren würde.

Fest- und Feiertage
(Otto Theodor von Scheuffelen)

Feste und Feiern verrauschen. Sie hinterlassen für den Archäologen, auch für den modernen, selten Spuren. Es ist deshalb als Versuch anzusehen, wenn hier erstmals über die heiligen Tage berichtet werden soll, die unsere Vorfahren im Dosenzeitalter festlich begingen.
Aus dem wenigen, das wir heute erschließen können, lassen sich zwei Daten erkennen, die im Verlauf eines Jahres ganz besondere Bedeutung gehabt haben müssen: »Siehe Deckelprägung« zur Sommersonnenwende und »Siehe Bodenprägung« zur Wintersonnenwende.
Auf unzähligen Verpackungsresten von Lebensmitteln, die uns erhalten sind, wurden diese beiden Zeitpunkte sozusagen als Verfallsdatum angegeben. Damals gab es noch keine Lebensmitteltuben, die sich nur so lange öffnen lassen, wie die Nahrung darin noch genießbar ist. Es war deshalb lebenswichtig, die Tage genau zu kennen, bis zu denen die Lebensmittel konsumiert werden durften.
Allerdings soll nicht verschwiegen werden, daß manche Forscher hier kritisch anmerken, es würde doch genügen zu schreiben: »Haltbar bis Deckelprägung.«
Jedoch sollte man wissen, daß die beiden Tage nicht jedes Jahr auf das gleiche Datum fielen. Während wir uns inzwischen angewöhnt haben, Weihnachten stets am 24. Dezember zu feiern, nahmen es unsere Vorfahren genauer. Sie feierten am astronomisch richtigen Tag. Dazu mußten sie aber den Lauf der Sonne ganz exakt beobachten. Deshalb hatten bei ihnen diese beweglichen Feiertage den Zusatz »siehe«.

Damit jedermann den richtigen Zeitpunkt selbst ermitteln konnte, auch wenn er nicht auf einer Priesterschule Astronomie gelernt hatte, wurden in Parks, die dem Gott Kienzle geweiht waren, dem Gott der Hetze, sogenannte »Kienzle-Park-Uhren« errichtet. (Eine Rekonstruktion ist im Tempel-Museum zu sehen.)
Unsere Archäologen sind immer wieder erstaunt, welch unverhältnismäßig große und solide Fundamente diese Meßgeräte hatten. Gerade so, als ob sie besondere Schätze enthielten und kein Räuber mit ihnen davonrennen sollte. Im übertragenen Sinn ist dies wohl auch richtig. Meist kann man nämlich in der Nähe des Fundortes einer Park-Uhr weitere finden. Oft bilden sie eine lange gerade Kette. Prof. Uher war der erste, der auf die Nut am oberen Ende und eine ähnliche am Boden des Uhrengehäuses hinwies. Er schlug vor, die obere als Deckelprägung zu betrachten. Dabei fand sein Assistent die sogenannte Sonnen-Lauf-Bindung. Wenn man nämlich über die obere Nut oder Kimme peilt, so steht die Sonne an bestimmten Tagen direkt in der Verlängerung.
Es mag sich kompliziert anhören, war aber in der Praxis sehr einfach. Glaubte man, es sei Sommersonnenwende, so stellte man genau bei Sonnenaufgang die erste Park-Uhr. Wenn diese abgelaufen war, stellte man die zweite. Anschließend die dritte, bis zur letzten. Dann mußte man in der Verlängerung aller Deckelprägungen die Sonne sehen. Befand sie sich genau dort, so war Sommersonnenwende.
Wenn fünf Kienzle-Park-Uhren z. B. auf einer Strecke von 30 bis 40 Metern aufgestellt waren, so hatte man damit sogar ausgesprochen präzise Peilinstrumente.
Durch die Kreiselbewegung der Erdachse und die damit verbundene Wanderung der Pole stimmen natürlich die gefundenen Linien heute nicht mehr. Aber die bisher angestellten Proberechnungen ergaben stets ein überzeugendes Bild.

Je nach Gelände benötigte man unterschiedliche Park-Uhren. Es gab Geräte, die nur 15 Minuten liefen, bis die nächste gestartet werden mußte, an anderen Orten hingegen mußten sie dreißig Minuten oder auch zwei Stunden laufen. Außerdem war eine unterschiedliche Anzahl notwendig, wie verschiedene Fundstellen belegen.
Schließlich erklärt sich auch die Häufigkeit der Peileinrichtungen damit, daß niemand allzuweit laufen sollte, wenn er sich selbst von der Frische seiner Lebensmittel überzeugen wollte.
Einen weiteren Hinweis für die Richtigkeit der hier vorgetragenen Gedanken erhielt ich unlängst von meinem Kollegen Sir Robert Haugh. Er versicherte, daß im Englisch der zweiten Jahrtausendwende die Begriffe »siehe« und »Uhr« mit dem gleichen Wort, nämlich »watch«, bezeichnet wurden.
Neben diesen beiden höchsten Feiertagen gab es aber auch viele weitere. Relativ gut nachgewiesen ist der Bundestag, der stets am 17. Juni begangen wurde. Außerdem gab es noch regionale Landtage, Kreistage und Städtetage.
Ende Juli wurden die Hundstage gefeiert. Es muß ein sehr hohes Fest gewesen sein. Das können wir mit einiger Sicherheit sagen, denn uns ist der Brief eines Einzelhändlers an seinen Neffen erhalten. Darin beklagt der Krämer, daß es fast keinen Wert habe, den Laden zu öffnen, da ja doch alle Leute unterwegs seien. (Wahrscheinlich fand an den Hundstagen auch eine jener seltsamen Prozessionen mit Staus statt.) Anfang Oktober fand das Oktoberfest statt.
Als Besonderheit gab es damals neben den Feiertagen auch Feierabende oder Heilige Abende. Man stellt sie sich wohl am besten als Teilfeiertage vor.
Sicher belegt, aber noch etwas unklar in der Bedeutung ist der Tag der Arbeit, an dem diese offenbar gefeiert wurde.

Eine große Attraktion dieser Feiertage müssen die Messen gewesen sein, die dort zelebriert wurden. Berühmte Messen waren die Hannoversche Messe und die Frankfurter Frühjahrs- und Herbstmesse. Sie dienen der heutigen Forschung als wertvolle Hinweise für die Datierung von Festen. So wird angenommen, daß der niedersächsische Landtag im April gefeiert wurde, weil in diesem Monat auch die Messe in der Landeshauptstadt abgehalten wurde.
Abschließend sei noch einmal festgestellt, daß es neben den Erkenntnissen, die hier dargestellt wurden, noch viele weitere Theorien gibt, von denen sicher einige richtig sind, aber noch nicht ausreichend belegt werden konnten, um in diesem Artikel bereits veröffentlicht zu werden.

Wie die Menschen wohnten
(Dipl.-Arch. Franz Heimer)

Eine bauliche Eigenheit des Dosenzeitalters waren die intraterrestrischen Häuser. Viele Menschen lebten damals unter der Erde. Nicht als Höhlenbewohner in feuchten Erdlöchern, sondern in geräumigen, großenteils belichteten Wohnungen. Der Boden, die Wände und die Decken waren jeweils aus festem Beton. Nach außen waren die Wände nochmals geteert, damit das saure Regenwasser im Erdreich nicht das Baumaterial zerstören konnte. Licht erhielten die Räume über seitliche Schächte. Der Eingang zu einer Wohnung war in der Decke angebracht, von wo eine bequeme Treppe, die selbst wieder aus Beton sein konnte, ins Innere führte.

Die Gebäude waren gerade so tief in die Erde versenkt, daß man das Dach wieder zuschütten und Gras darauf pflanzen konnte. Der oberflächliche Betrachter erkannte eine Gemeinde zunächst an dem dichten Straßennetz. Erst bei genauerem Hinsehen werden ihm dann die rechteckigen Treppen- und Fensterlöcher aufgefallen sein.

In Tamm etwa, am Fuße des seit keltischer Zeit besiedelten Hohenaspergs, wurden bis heute 178 gleichartige Gebäude ausgegraben. Sie waren alle miteinander unterirdisch verbunden durch Kabel, Leitungsrohre und ein ausgeklügeltes Abwassersystem.

Dank der Luftbildarchäologie wissen wir von vielen vergleichbaren Siedlungen. Wir können also mit einigem Recht diese intraterrestrische Bauweise als typisch für die zweite Jahrtausendwende betrachten. Selbstver-

ständlich wurden die älteren Gebäude parallel dazu weiterbenutzt.
Wenn wir uns heute nach den Motiven fragen, die unsere Vorfahren bewogen haben, in den Untergrund zu ziehen, so befinden wir uns vielleicht in der gleichen Situation wie jene Forscher, die vor 70 Jahren die riesige Tiefgarage in Berlin ausgegraben haben. Damals wollte niemand glauben, daß es vor nur knapp zweitausend Jahren Menschen gegeben haben soll, die ein Vermögen hingaben, um ein Auto zu erwerben, das sie dann in einer unterirdischen, lichtlosen Kaverne abstellten.
Jahre und Jahrzehnte wußte man keine vernünftige Erklärung. Man zweifelte, ob es sich tatsächlich um Abstellplätze für motorisierte Fahrzeuge handelte. Man theoretisierte von Massengefängnissen, rituellen Versammlungssälen und Lagerstätten. Aber keine dieser Hypothesen war befriedigend, zumal sich im Laufe der Jahre auch an anderen Stellen solche Kavernen fanden.
Heute, nachdem wir die religiöse Bedeutung der Prozessionen für das tägliche Leben unserer Vorfahren erkannt haben, läßt sich alles zwanglos zusammenfügen. Das Auto war eine Opfergabe. Man benötigte es für den heiligen Stau. Ansonsten aber war es eher hinderlich und wurde deshalb versteckt abgestellt.
Die Erkenntnis, daß auch Menschen damals unter der Erde wohnten, ist neu. Vielleicht dauert es noch einige Jahrzehnte, bis wir die Beweggründe für dieses Tun restlos verstehen können.
Wochenende für Wochenende besuchen Hunderte von Interessierten die Ausgrabungen in Tamm und überzeugen sich vor Ort von der intraterrestrischen Bebauung. Dennoch gibt es immer neue Überlegungen und Theorien, nach denen die Menschen gar nicht unterirdisch gewohnt haben sollen.
In einem kleinen Beitrag für die Zeitschrift »Heimatge-

schichte« entwickelte beispielsweise Franz Okal die Auffassung, die ausgegrabenen Räume seien nur Keller des eigentlichen Hauses gewesen. Darauf sei nämlich in Holzbauweise (!) das Domizil des Bewohners errichtet worden. Das Holz sei im Laufe der Jahrhunderte verrottet, das Untergeschoß aus Beton habe sich erhalten. Das große viereckige Loch in der Decke sei der Kellerzugang und nicht der Hauseingang gewesen. Die kleinen Löcher auf der Oberseite der Decke, die regelmäßig am Rand und manchmal auch in der Mitte zu sehen sind, deutet er als Verankerung für die Holzwände.
Okal schreibt sogar von einer ganzen Industrie, die solche Bauten an zentralen Plätzen gefertigt und dann ausgeliefert habe. Diese Fertighäuser (hier will Okal sogar genau wissen, wie die richtige Bezeichnung gelautet hat!) seien manchmal einzeln, mitunter aber auch gleich siedlungsweise entstanden.
Obwohl vieles von dem, was da geschrieben wurde, nicht bewiesen und manches offensichtlich widersprüchlich ist, wurde der Artikel dennoch in einige lexikalische Datenspeicher übernommen. Dabei würde jeder vernünftige Mensch bei einigem Nachdenken von selbst erkennen, wie falsch diese Aussagen sein müssen. Zunächst einmal ist Holz sehr haltbar. Wie könnte es sonst die Dendrochronologie geben? Also müßte doch noch irgendwo eines dieser Fertighäuser existieren. Zum anderen widerspricht eine solche Mischbauweise jeder Vernunft. Technisch gesehen gibt es keinen Grund, einen Keller aus Beton und den Aufbau aus Holz zu errichten. Wenn man so stabil bauen konnte, wie es die Ausgrabungen beweisen, dann hätte man dies doch auch oberirdisch getan. Außerdem bietet eine Holzkonstruktion fast gar keinen Schutz vor Hitze, Kälte, Lärm oder Radioaktivität. Bei Orkanen kann sie weggefegt werden.
Noch ausgefallener ist eine Theorie von H. Heeb, der

diese Kellerhypothese auf andere Weise untermauern möchte. Er behauptet, die Bauten seien aus irgendeinem Grund nicht fertiggeworden.
Auch diese Ansicht wurde von der Fachwelt diskutiert, obwohl die Aussagen unhaltbar sind. Die oberirdischen Straßen, die gefunden wurden, mit Schotterbelag, teilweise sogar mit Asphaltresten, sprechen doch klar gegen die Existenz halbfertiger Anlagen.
Richtig dürfte dagegen die dritte, medizinische Betrachtung sein. Im Zeitalter der Dosen begann der Mensch zu erkennen, daß er nicht mehr, wie einst seine Vorfahren, allen Naturgewalten trotzen konnte. Er sah die Risiken des sauren Regens, des direkten Sonnenscheins und anderer Strahlen. Er mußte sich schützen, und das, ohne über die heutigen Isolationstechniken verfügen zu können.
In dieser Situation, in der man die Natur erhalten und sich gleichzeitig vor ihr schützen wollte, bot sich die intraterrestrische Bauweise an. Die Oberfläche unseres Planeten blieb weitgehend »natürlich« erhalten. Im Innern war man jedoch vor verschiedenen »natürlichen Gefahren«, wie der Strahlung oder den giftigen Niederschlägen, geschützt.
Außerdem weisen Experten darauf hin, daß es keine energiesparendere Bauweise gibt. Die erdumfaßten Betonhäuser sind bestens wärme- und schallisoliert. Die kleinen Fenster- und Türöffnungen lassen sich leicht verschließen. So war man auch den neugierigen Blicken der Nachbarn entzogen.
Alles in allem stellte das intraterrestrische Haus für die damaligen Verhältnisse eine optimale Lösung dar, die viele bauphysikalische, psychologische und soziologische Vorteile bot, ohne dafür an anderer Stelle Nachteile einzuhandeln. Dies mag auch der Grund gewesen sein für das Auftreten und die allmähliche Verbreitung dieser neuen Art des Bauens.

Essen um die zweite Jahrtausendwende
(Dr. Rudolf August Carlfranz)

Ernährungswissenschaftler kennen das Dosenzeitalter auch unter dem Namen »Burger-Ära«. Damals aßen die Menschen Fisch und Fleisch noch beinahe roh, selten mehr als einige Stunden gebraten oder gesotten, oft sogar nur wenige Minuten. Sie wußten offenbar nichts von der naturgesetzlichen Ungenießbarkeit tierischer Produkte und nichts davon, daß eine einfache Unbedenklichkeitsuntersuchung länger dauern würde, als man ein Fleischstück frischhalten kann. (Obwohl dabei nur nach den 12 000 häufigsten Giften geforscht wird.) Sie kannten auch noch nicht die Sautersche Faustregel, nach der ein Labor etwa 3000 Kilo Fleisch benötigt, um eine einzige sinnvolle Analyse durchführen zu können. Dabei müßte die Probe vom selben Tier und zwar von ein und derselben Stelle stammen. Somit ist es eigentlich ausgeschlossen, daß Menschen tierische Produkte essen können. Es sei denn, sie nehmen in Kauf, sich zu vergiften.

Gleichzeitig kannten unsere Vorfahren aber schon die Gentechnologien, mit denen sie in der Lage gewesen wären, völlig keimfreie Algensümpfe zu züchten. Sie besaßen also das nötige Wissen, um sich die Nahrung nach dem gleichen Grundmuster herzustellen, wie wir sie heute genießen.

Auch die notwendigen Verpackungstechniken haben sie bereits beherrscht. Senf, Ketchup, Bratkartoffeln und Röstzwiebeln gab es damals bereits in Tuben.

Ebenso wäre die Konstruktion von nützlichen Bakterien möglich gewesen, z. B. von Kleintieren, die zu bestimmten Zeiten Hungergefühle bzw. ein Verlangen nach ge-

nau dem Inhalt der nächsten Tube aus der letzten Lieferung produzieren. Die Menschen kannten die Steuerungsmechanismen und hätten sich nicht mit Völlegefühlen, Magersucht und Heißhunger, Durst oder ähnlichen tierischen Problemen herumschlagen müssen.
Doch so abstoßend es auch klingen mag, der wissenschaftlichen Wahrheit zuliebe muß es hier berichtet werden: Hinsichtlich der Nahrungsmittelaufnahme waren unsere Vorfahren noch keine vollentwickelten Menschen.
Pilze haben sie gegessen und getrunken. Sie verspeisten Fische mit Köpfen, Fleisch, das noch an den Knochen hing, Geflügel, das erst zerlegt werden mußte. Nach manchen Tier- und Pflanzenarten waren sie so verrückt, daß es diese in der Zwischenzeit nicht mehr gibt. Sie sind buchstäblich ausgegessen worden. Zu ihnen gehören verschiedene Saurierarten, Meeresschildkröten und das Mammut.
Mit Hilfe von Simulationsmodellen, bei denen eine solche Nahrungsaufnahme unterstellt wurde, läßt sich die durchschnittliche Lebenserwartung der Menschen um die zweite Jahrtausendwende einigermaßen genau berechnen. Sie betrug etwa dreißig Jahre für Männer und zweiunddreißig für Frauen.
Ob sie Menschenfleisch gegessen haben, ist eine häufig gestellte Frage, die aber kaum zu beantworten ist. Speisekarten, die Frankfurter und Wiener als leichte Kost anpreisen und Berliner als Nachtisch, scheinen dafür zu sprechen. Andererseits gibt es außer diesen Hinweisen keine Anzeichen von Kannibalismus.
Vieles andere, was uns heute fremd anmutet, erklärt sich vielleicht aus der kurzen Lebensdauer unserer Vorfahren, die es ihnen erst gar nicht ermöglichte, einiges über die langfristige Wirkung mancher Chemikalien zu erfahren. Sie wußten deshalb wohl auch nicht, daß sie sich schlicht selbst vergifteten.

So sollen Sportler Traubenzucker zur Leistungssteigerung genommen haben, teilweise sogar auf Empfehlung von Ärzten, obwohl damals zumindest aus Tierversuchen bekannt gewesen sein müßte, daß die Einnahme dieses Giftes spätestens nach 160 Jahren zu laktophoseähnlichen Lähmungen führen kann.
Auch wenn es unwahrscheinlich klingt, gilt es heute als gesichert, daß die Menschen damals in der Lage waren, die wichtigsten Blutwerte beinahe vollautomatisch ermitteln zu lassen. Dennoch nutzten sie ihre Erfindung nur dann, wenn sie sich krank fühlten.
Leider wissen wir nicht, wer die segensreichen, lebensverlängernden Eßgewohnheiten eingeführt hat, die wir heute pflegen: Messung der Blutwerte und danach Ermittlung der Nahrungsmittelkomponenten wie Gewicht der Speisen, Joulegehalt, Vitaminanteile, Ballaststoffe usw. Daraus wird das Rezept für den entsprechenden Algenbrei entwickelt. Die mundgerechte Verpackung in eine Sicherheitstube erfolgt praktisch ohne unser Zutun. Das Auslutschen kann bei Bedarf nebenher erfolgen.
Gegen Ende des 20. Jahrhunderts aber hatten die Menschen eigene Räume, in denen sie ihre Nahrung zu sich nahmen. Sie aßen zu festgelegten Zeiten und meist gemeinsam. Dieser Brauch war wohl sehr sinnvoll, ermöglichte er doch eine rasche Hilfe, falls jemand beim Verzehr seiner Speise plötzliche Vergiftungserscheinungen hatte. Vorfälle dieser Art müssen wohl an der Tagesordnung gewesen sein, wie jüngst Prof. Lochhamer in einer scharfsinnigen Untersuchung nachwies. Ihm fiel bei der Analyse alter Wohnungsgrundrisse auf, daß sich regelmäßig in direkter Nähe zum Eßtisch ein Medizinschrank befand, der die damals gängigen Heilmittel enthielt: Sechsämtertropfen, Black and White, Likör und Cognac.
Übrigens bezeichneten die Menschen des Dosenzeital-

ters eine Speisenfolge genauso als »Gericht« wie jenen Ort, an dem die Fragen von Schuld und Strafe geklärt wurden.

Mark und Pfennig
(Dipl.-Oec. Markus Landsberger)

Dr. Badtzis stellte im Jahre 3689 die These auf, es habe im Dosenzeitalter eine Währung gegeben, die auf Mark und Pfennig basierte. Dabei soll die Regel gegolten haben: 100 Pfennige sind eine Mark. Seine Darstellung, die sich auch heute noch überzeugend, logisch und in sich geschlossen liest, trug viel dazu bei, daß diese Vorstellung inzwischen Allgemeingut geworden ist.
Diese Auffassung ist aber falsch, wie vieles andere auch, das wir sicher zu wissen glaubten. Wenn Politiker damals eine Erhöhung des Kohlepfennigs forderten oder die Einführung des Wasserpfennigs, so kann es sich dabei nicht um den hundertsten Teil einer Mark gehandelt haben. Vielmehr scheinen diese Pfennige eine Art Steuer gewesen zu sein. Dazu paßt auch die Erhebung eines Peterspfennigs durch den Papst oder die Forderung, Restpfennige (?) zu opfern.
Auch die Mark war keine feste Rechengröße, wie bisher angenommen worden ist, denn man hat Notizen über ein Umtauschverhältnis von Ostmark in Westmark entdeckt. Es soll 5,34 : 1 betragen haben. Keine einzige gefundene Münze trägt aber die Bezeichnung Ost oder West.
Selbst wenn wir noch nicht alle Einzelheiten aufgeklärt haben, können wir inzwischen sicher sein: Es gab keine Währung, die auf Mark und Pfennig aufgebaut war. Jedenfalls nicht in der einfachen Beziehung: eine Mark besteht aus hundert Pfennigen.
Wurde hier nicht vielmehr ein Stück Land verwechselt

mit dem Geld, das man dafür zu zahlen hatte? So war auch die »Dänemark« keine Münze und »Finnmark« lediglich der alte Name von Finnland. Sicher wird es dann auch ein Gebiet gegeben haben, das »Ostmark« und eines, das »Westmark« hieß, sowie eine »deutsche Mark«. Die Umtauschrelation Ost- zu Westmark entspricht daher wohl der Fruchtbarkeit der Böden. Für eine Geländeeinheit aus der Westmark konnte man also 5,34 Einheiten der Ostmark erwerben. Interessanterweise werden mit dieser Theorie auch Berichte bestätigt, nach denen der Westen jährlich Millionen Tonnen Getreide an den Osten lieferte.
Dank dieser Erkenntnis lassen sich nun weitere Verwechslungen aufklären. Ein Franken entsprach demnach einem Stück Frankreichs oder Frankfurts, eine Krone einem Teil Grönlands und ein Dollar einem Teil des Dollarts. Auch war »Taler« keine Geld-, sondern eine Landschaftsbezeichnung (Emmentaler, Munstertaler). Münzen und Scheine mit Aufschriften wie Mark, Franken oder Dollar hatten demnach lediglich die Funktion einer Umrechnungshilfe. Sie waren nur Scheingeld, mit dem die Menschen des Dosenzeitalters aber nicht bezahlen konnten. Dies war nur mit ihren Scheckkarten möglich. Es gab weiße, grüne, silber-, gold- und mehrfarbige. Aber alle waren gleich groß. Getauscht wurden nicht die Plastikkarten selbst, sondern die unsichtbaren Werte auf den Magnetstreifen. Das erledigte ein Tauschomat, der vom Streifen des Schuldners die entsprechenden Bits in das Kärtchen des Gläubigers übertrug.
War eine Karte aufgefüllt, so wechselte sie ihre Farbe, beispielsweise von Silber zu Gold. Danach ließ sie sich erneut beschreiben. Natürlich konnte sie auch an Wert verlieren. Aus Silber wurde dann z. B. Grün. War sie ganz aufgebraucht, so wurde aus ihr eine Kreditkarte, die ihren Inhaber als Schuldner auswies. Aus der

Zunahme dieser letzteren Art im Dosenzeitalter wurde auf einen allgemeinen wirtschaftlichen Niedergang in dieser Epoche geschlossen.

Die Kultdose
(Dipl.-Soz. B. T. Hundertpfund)

Soweit wir wissen, haben die Menschen von Anbeginn bis zur großen Katastrophe ihren Göttern Speisen und Getränke geopfert. Daß sie es taten, weiß jeder, wie sie aber dabei vorgingen, ist scheinbar niemandem bekannt. Zwar gibt es den Verdacht, das Essen sei des Tags zubereitet und auf einem Altar aufgebaut, des Nachts aber wieder abgeholt worden. Ob das jedoch regelmäßig oder nur hin und wieder geschah, dafür gibt es keine Anhaltspunkte. Doch wer aufrichtig opfert, wird eine solche Vorgehensweise nicht gutheißen können.

Im Alten Testament wurden die dargereichten Gaben deshalb verbrannt. Senkrecht aufsteigender Rauch deutete dabei auf eine Annahme des Opfers hin. Diese Tradition hat sich offenbar über die Zeiten hinweg erhalten und war noch im 20. Jahrhundert gebräuchlich, wenn auch in leicht modifizierter Form.

Opferstätte war nicht mehr der in Stein gehauene Altar mit offenem Feuer, sondern eine zeitgemäße Blechdose. Durch eine Klapptüre konnte eine beliebige Speise oder ein Getränk hineingeschoben werden. Der kleine Innenraum war elektrisch beleuchtet, die Türe verglast und mit einem Metallgitter zusätzlich gesichert. Das war notwendig, weil die Opfergabe einer hochfrequenten Strahlung ausgesetzt wurde, die nicht nach außen dringen durfte. Alles, was sich aber in dieser Kultdose befand, ließ sich so stark und rasch erhitzen, daß es binnen kurzem vor den Augen der Umstehenden verbrannte.

Solche Mikrowellengeräte, wie sie auch genannt wur-

den, waren zur Zubereitung normaler Speisen völlig ungeeignet. Wie Versuche zeigten, zerplatzte ein Hühnerei innerhalb von 10 bis 15 Sekunden. Dabei gab es keine Vorrichtung, um die Leistung dieser Geräte zu reduzieren. Jedenfalls nicht so, daß damit ein normales, gekochtes Ei zu erzeugen gewesen wäre.
Brotteig wird so hart, daß er nicht mehr normal zu beißen ist. Berechnungen ergaben, daß die Hefe gar keine Zeit hat, ihre Wirkung zu entfalten. Die Masse ist nämlich bereits ausgehärtet, bevor die kleinen Mikroben aktiv werden können.
Mikrowellengeräte eignen sich also nachgewiesenermaßen nicht zum Zubereiten der damals üblichen Speisen, sondern nur dazu, sie zu zerstören. Dies tun sie aber für jedermann sichtbar, ja, sie haben dafür sogar eine eigene Beleuchtung. Deshalb lag der Zweck dieser Geräte wohl einzig darin, Speisen und Getränke den Göttern zu opfern. Ein Ritual, das wahrscheinlich sogar täglich stattfand. Darauf deuten jedenfalls die vielen Kultdosen hin, die inzwischen gefunden wurden und ausnahmslos deutliche Spuren des Gebrauchs und der Abnutzung zeigten.

Der Feuerzauber
(Domkapitular Franz Josef Maier)

Wie uns der Gebrauch von Kultdosen sehr klar vor Augen führt, verstanden es die Menschen des 20. Jahrhunderts, ihre Religion dem Fortschritt anzupassen, indem sie einige Rituale mit neuentwickelter Technik zu kombinieren wußten. Daneben müssen sich aber auch traditionelle Elemente erhalten haben. Das zeigen die drei klassischen Kultgeräte, die es wohl in jedem Haushalt gegeben hat: Die Aschendose, die Kerzendose und die Kerzenhalterung.

Die Aschenbehälter waren aus Porzellan, Glas oder auch – typisch für die damalige Zeit – aus Metall. Sie trugen oft kunstvolle Bemalungen und waren mitunter einer Gottheit gewidmet, meist einem der Agengötter. Schriftzüge wie HANOMAG oder STRABAG auf diesen Gefäßen sind deutliche Hinweise hierfür. Die Behälter hatten die Form eines Tellers oder einer Dose. Einige waren sogar mit einer listenreichen Mechanik ausgestattet, die es erlaubte, die Asche scheinbar plötzlich im Bauch der Metalldose verschwinden zu lassen.

Die Analyse winziger Partikel dessen, was in solchen Behältern verbrannt wurde, ergab eine erstaunliche Gleichförmigkeit. Stets sind es Überreste verbrannter Blätter einer bestimmten Gattung von Nachtschattengewächsen, die als *nicotiana tabacum* und *nicotiana rustica* oder auch unter der Bezeichnung Tabakspflanze bekannt sind.

Erhitzt wurden diese Gefäße auf einer speziell für diesen Zweck konstruierten Platte durch sogenannte 24-Stunden-Brenner. Das waren Kerzen, die trotz ihres irreführenden Namens nur eine Brenndauer von etwa zwei Stunden hatten. Sie wurden mitunter auch als TEE-Lichter bezeichnet. Ob damit ein Tabak-Erregungs-Erhitzer oder Tabak-Emulsions-Extinctor gemeint war, darüber sind sich die Gelehrten noch nicht einig. Die Tatsache aber, daß es in beinahe jedem Haus sowohl ein Urnen-Aschegefäß als auch TEE-Lichthalter gab, scheint die Ansicht jener Forscher zu bestätigen, die glauben, daß diese Geräte zu einem gemeinsamen Kult bestimmt waren.

Der fast ausschließliche Gebrauch von Blättern einer einzigen Pflanzenart und nicht zuletzt die Kostbarkeit der verwendeten Gerätschaften beweisen, daß es sich um einen hochgeachteten und deshalb wohl vermutlich auch sehr alten Feuerkult gehandelt haben muß. Er wird damals von allen Zeitgenossen mit großer Selbstverständlichkeit und auch sehr häufig zelebriert worden sein.

Die Dosendose
(Dipl.-Winz. Claus Adelsberg vom Adelsberg)

Es gibt Dinge und Sachverhalte, die erscheinen so banal, daß sie gerade deshalb den Blick auf das Besondere oder das Außergewöhnliche zu verstellen vermögen. So haben wir uns angewöhnt, in einer Dose nichts anderes zu sehen als einen Behälter. Folgerichtig unterscheiden die Historiker zwischen Speise- und Getränkedosen oder auch Wasser- und Heizöldosen. Die genaueren Untersuchungen der Metallbehälter für Rotwein, Bier oder auch Heringe in Tomatensoße zeigten aber bald die Notwendigkeit einer viel feineren Differenzierung.
So wurde schon sehr früh beobachtet, daß alle Nahrungsmitteldosen zwar regelmäßig sehr präzise gearbeitet sind und über eine Vorrichtung verfügen, mit der sie sich öffnen lassen. Es gab aber offenbar keine Möglichkeit, sie wieder zu verschließen. Lange Zeit nahm man an, die entsprechenden Hebel seien im Laufe der Zeit verlorengegangen, und man werde schon irgendwann die fehlenden Beweisstücke finden. Inzwischen weiß man aber, daß die Suche danach vergebens bleiben wird. Die Möglichkeit, Dosen wieder abzudichten, ist nie vorgesehen gewesen.
Damit die Nahrungsmittel frisch blieben, waren sie noch einmal verpackt. Getränke wahrscheinlich in einem Beutel aus Ziegenleder mit Schraubverschluß, Speisen in einer Haut aus Rinder-, Kalbs- oder Schweinedarm oder aber auch aus PVC. So blieb das Fleisch frisch und das Bier in der Ziegenhaut dank der Verdunstung sogar kühl. Die Aufgabe der eigentlichen Blechdose war es dann lediglich noch, die äußere Form zu

wahren. Ein Beispiel hierfür sind die Würstchen, die sozusagen als zweiten Anzug – jeweils sechs oder zwölf gemeinsam – ein stabiles Blechkleid verpaßt bekamen.
Eine Verschlußmöglichkeit für den Blechbehälter war also gar nicht notwendig, ja sogar unerwünscht.
Präzise ausgedrückt sind die Dosen des 20. Jahrhunderts also Behälter, die einen weiteren Behälter beinhalten. Natürlich sind die Ziegenhäute in der Zwischenzeit nicht mehr vorhanden, ebensowenig wie die Därme. Aber bei den großen und unterirdischen Heizöldosen konnte schon mehrfach diese zweite Innenhaut, ein Behältnis aus PVC, nachgewiesen werden. In ihr war das Öl auslaufsicher und dauerhaft untergebracht, wäre aber ohne die stabile Außenkonstruktion vom Erdreich beschädigt worden.
Seit einiger Zeit wissen wir auch von der Existenz der Dosendosen. Dies waren Behälter mit einer stabilen Außenhaut, die dazu bestimmt waren, Behälter mit einer stabilen Außenhaut aufzunehmen – Verkaufsautomaten für Bierdosen beispielsweise, oder aber auch Abfallcontainer für leere Weißblechgefäße. Genaugenommen handelt es sich also um Behälterbehälterbehälter. Doch damit nicht genug. So meint Legationsrat L. Legast, der große Dosenforscher, daß auch diese zumindest verbalen Ungetüme fabrikmäßig hergestellt wurden und von ihrem Produktionsort in großen Transportdosen zu ihrem Aufstellplatz transportiert wurden.
Legast glaubt auch, daß unser Wort »Behältnis« von den Menschen des späten 20. Jahrhunderts »Bihältnis« gesprochen und geschrieben wurde. Womit bereits ausgedrückt war, daß es sich um zwei Gefäße (Halterungen, Hältnisse) gehandelt hat.

Die Mode
(Françoise Holder)

In unseren Comics werden die Menschen des Dosenzeitalters als behelmte, autofahrende Trunkenbolde dargestellt, die äußerst unbequeme, abstehende Jacken trugen sowie leuchtendgelbe Stiefel. Alles bestand aus Nylon, das einerseits den gefährlichen sauren Regen abhielt, andererseits keinerlei Schweiß aufsaugen konnte. Ernstgenommen, im wissenschaftlichen Sinne, wurden solche Darstellungen eigentlich nie. Auch nicht von den Entwerfern oder Lesern solcher Comicstrips. Um so erstaunlicher war es deshalb für die Fachwelt, als sie feststellte, daß vieles an diesen Bildern durchaus richtig wiedergegeben ist.
So sind z. B. relativ viele Eisenmützen erhalten geblieben, alle in einem auffälligen Grün, sowie einige ähnlich geformte Kunststoffhüte (wahrscheinlich eine Nylonabart), die es in allen Farben gegeben haben muß. Es ist viel darüber gerätselt worden, wieso ausgerechnet die Kleidungsstücke für den Kopf so stabil waren. Damals wuchs den Menschen dort ja noch ein Fell. Wahrscheinlich hatte es aber im 20. Jahrhundert seine Funktion schon weitgehend verloren und konnte dem härteren Sonnenlicht und dem Regen nicht mehr widerstehen. Ein künstlicher Schutz war deshalb notwendig geworden.
Da es relativ einfach ist, Rangunterschiede durch Farbunterschiede zu symbolisieren, nimmt man heute an, daß die Kopfbedeckungen aus eingefärbtem Kunststoff beim Militär getragen wurden. Einfache Soldaten hatten graue, Vorgesetzte rote und blaue, Generäle weiße Helme auf.

Die grün-oliven Metallmützen dagegen, die sich voneinander nicht unterschieden, blieben wohl den Zivilisten vorbehalten: für Wanderungen im Wald, für den Einkauf in der Stadt oder zum Autofahren.
Im Gegensatz zu den vielen Kopfbedeckungen können wir an anderer Bekleidung nur wenige Funde studieren. Es handelt sich dabei um 731 gelbe, sehr steife, wasserundurchlässige Jacken mit der Aufschrift: »Seid schlau, geht zum Bau!«, weiterhin um einen Schuh, der die Aufschrift »Jogging« rechts der Ferse trägt. Daneben sind drei schräge, farblich abgesetzte Streifen angebracht. Sie wurden ursprünglich als reine Zierde interpretiert, dürften aber doch eher militärische Rangstufen gekennzeichnet haben. (Jogging war dann vermutlich der Name des Verbandes oder der Einheit des Trägers.)
Außerdem haben sich bis heute vier gelbe Stiefel erhalten, wovon zwei sogar ein Paar bilden. Sie enthalten auf der Schaftinnenseite die Schrift: »Nylopren, unverrottbar.«
Wenn man von zehn Totenhemden absieht, sind ansonsten keine kompletten Kleidungsstücke erhalten geblieben, lediglich einige Stoffreste und Fetzen.
Um ein realistisches Bild vom Menschen der zweiten Jahrtausendwende zu erhalten, müssen wir aufgrund der vorliegenden Funde unterscheiden, ob es sich bei dem jeweiligen Träger um eine höhergestellte Person oder einen einfachen Bürger gehandelt hat, und ob es eine männliche oder eine weibliche Person war.
Der Einfache hatte eine eiserne Mütze auf, grün oder olivfarben, dazu trug er eine steife Jacke. Darunter hatte er gelbe Gummistiefel an, die farblich wahrscheinlich gut zur Jacke paßten und zusammen mit der Kopfbedeckung sicherlich einen gewissen Chic ausstrahlten. Erstaunlicherweise decken sich somit wieder die Ergebnisse der Forscher mit der unwissen-

schaftlichen Darstellung der Comic-Zeichner. Zumindest, was das Äußere dieser Menschen betrifft.
Im Gegensatz dazu hatte ein männliches Mitglied der Oberschicht einen Kunststoffhelm auf, in einer Farbe, die von weitem seinen Status zeigte. Das Schuhwerk wird aber weich und geschmeidig gewesen sein und mit der Anzahl der Streifen ebenso auf den sozialen Stand des Trägers hingewiesen haben, wie mit der Farbe der Kopfbedeckung.
Über die Bekleidung der Frauen sind wir etwas besser durch einige erhaltene Seiten der »BILD«-Zeitung informiert. Sie sind dort stets ohne Helm, ohne Schutzjacke und ohne Gummistiefel dargestellt. Dafür wuchs ihnen auf dem Kopf ein längeres Fell, das wohl einige Funktionen männlicher Kleidungsstücke übernommen hat. Soziale Unterschiede konnten deshalb bei den Frauen nicht so deutlich in der Kleidung gezeigt werden.
Aufgrund dieser Erkenntnisse nimmt man an, daß Frauen viel widerstandsfähiger waren als Männer.

Die seltsamen Reinlichkeiten
(Anonymos)

Je mehr unsere Archäologen über die Menschen zutage fördern, die zu Beginn des zweiten Jahrtausends lebten, desto schwieriger wird es, sie zu verstehen.
Wie eindrucksvoll waren die ersten Berichte über ihre Wasserleitungen, die oft über viele Kilometer von Ort zu Ort verliefen. Wie skeptisch stand die Fachwelt anfangs den Theorien gegenüber, nach denen es sogar einen Strang von über einhundert Kilometern Länge gegeben haben soll.
Heute, nach unzähligen Ausgrabungen und nach Hunderten von Berichten wissen wir genaueres über diese Ingenieurleistung. Wir kennen die Rohre, ihren Verlauf vom Bodensee in nördliche Richtung und die ausgeklügelten Pumpanlagen, die es ermöglichten, Wasser in großen Mengen über riesige Entfernungen zu transportieren. Wir kennen den Aufwand, der getrieben wurde, damit der Härtegrad und die Temperatur erhalten blieb. Die Bemühungen, das Wasser keimfrei zu halten, beeindrucken auch moderne Gesundheitsämter. Was nach über hundert Kilometern aus den Rohren kam, war Trinkwasser der Güte 1a, das auch heutigen Ansprüchen gerecht werden würde.
Vor dem Hintergrund dieser Tatsachen aber erschließen sich dem Forscher nun nach und nach die erschrekkenden Gewohnheiten der damals Lebenden. Was haben die Menschen damals wohl unter Reinlichkeit verstanden?
Nachweislich wurde nämlich jenes so weit transportierte und qualitativ ausgesprochen hochwertige Was-

ser, das sehr teuer gewesen sein muß, direkt zur Spülung von Toilettenanlagen verwendet.
Als erstmals Ausgrabungen einen derartigen Befund nahelegten, glaubten die Archäologen an einen Irrtum und unterließen jegliche Veröffentlichung zu diesem Thema. Inzwischen ist aber jeder Zweifel ausgeschlossen.
Gleichzeitig tranken die Menschen Wasser aus Dosen oder Glasbehältern. So wurden wenige Meter von einer Quelle in Bad Überkingen Tausende von Flaschen gefunden, die an diesem Brunnen abgefüllt worden waren. Ähnliches wird aus Cannstatt und Teinach berichtet. Alle diese Orte bezogen ihr Toilettenspülwasser aus über hundert Kilometer Entfernung.
Auf einem Etikett wurde das Quellwasser als »natürlich« bezeichnet – gerade so, als ob dies ein Vorteil wäre! Oft wurden auch noch Einzelwerte einer Analyse abgedruckt, die zehn Jahre oder mehr (!) vor dem Abfülldatum erstellt worden war.
Welche Vorstellungen, welcher Glaube, oder sagen wir besser, welche Irrlehre unsere Vorfahren veranlaßt hat, Dosenwasser zu trinken und Trinkwasser zur Spülung zu verwenden, ist der Forschung ein Rätsel.

Die Zeit der Vagabunden
(John Debakey, M.A.)

Neben der zum größten Teil seßhaften Bevölkerung gab es im Dosenzeitalter noch Nomadenvölker, deren älteste Gruppierung die Colaken waren. So nennen wir heute die Anhänger der Cola-Kultur. Ihr bekanntestes Merkmal ist ein besonders geformtes gläsernes Trinkgefäß.
Eigentlich handelt es sich um zwei Volksgruppen: die Cokaner und die Pepsianer. Beide bewahrten gewisse Traditionen unverändert, wodurch die heutigen Archäologen wertvolle Hinweise auf die ethnische Zusammensetzung der damaligen Vagabunden erhalten.
Die Colaken hatten eine eigene, einheitliche Währung, die Krone. Die gängigen Münzen wurden als »Kork« bezeichnet. Schatzfunde aus Hunderten von Kronkorken sind keine Seltenheit.
Weiterhin hatten sie ein einheitliches Maß- und Gewichtssystem, das heute unter dem Begriff »Sechserpack« bekannt ist. Ein Sechserpack entspricht etwa zwei Liter nach heutigen Maßstäben. Sechs von ihnen wurden als »Kasten« bezeichnet und entsprechen demzufolge etwa 12 Litern Inhalt.
Überall dort, wo wir alle drei Kulturmerkmale, also die Trinkgefäße, die Münzen und die Gewichte, gleichzeitig nachweisen können, müssen Colaken gelebt haben. So in Dingolfing, wo Motoren gebaut wurden mit sechs Zylindern und einem Hubraum von ziemlich genau einem Sechserpack. Die typischen Trinkgefäße wurden dort entdeckt, ebenso colakische Münzen. Allerdings meist in einem sehr schlechten Zustand.

Als Gegenbeispiel dient den Archäologen Untertürkheim. Dort wurden Vier-, Acht- und Zwölf-Liter-Motoren gebaut. Das einzige Exemplar einer typischen Glasflasche fanden die Ausgräber in einer Vitrine der Kunstgalerie. Es muß also ein sehr seltenes Exemplar gewesen sein. Außerdem ähneln die bisher entdeckten Korken eher einem Champignon. Untertürkheim gilt deshalb bei den Historikern als colakenfrei.
Über die Einzelheiten der Wanderungsbewegungen gibt es viele Theorien, die zudem meist auch noch widersprüchlich sind. Einigermaßen sicher kennen wir den Ausgangspunkt in Atlanta (Ohio), den Weg über Europa und die Spaltung dort.
Die Südcolaken zogen nach Afrika und die Ostcolaken über Arabien, Indien und Südostasien, wo sie sich noch einmal aufsplitteten, nach Japan und Australien, wo sie seßhaft wurden.
Die Colaken wurden durch die Plastikbecherleute abgelöst. Auch dieses Volk leitet seinen Namen von der besonders markanten Art seiner Trinkgefäße her. Allerdings sehen die Forscher in den Plastikbecherleuten keine einheitliche Gesellschaft, sondern eher ein Gemisch. Es gab die Bacaliter, Vinylchloriter und die Polyurethaner, die jeweils eigene Gefäße entwickelt haben. Für die Spezialisten heute bereitet es keine Probleme, an der Form eines Bechers die Stammeszugehörigkeit der ehemaligen Benutzer festzustellen.
Während die Wanderungen der Colaken noch Jahrzehnte gedauert haben, so breiteten sich die Kunststoffleute innerhalb weniger Jahre aus. Diese rasche Ausdehnung deutet auf eine gewaltige Überlegenheit der neuen Nomadenkultur über die Colaken hin.
Ein weiteres Nomadenvolk ist heute unter den Bezeichnungen Chipianer, Chapianer oder Japianer bekannt. Der Name leitet sich von den klobigen, oft mehrere Millimeter dicken und bis zu einem Zentimeter lan-

gen, großen, elektrischen Schaltkästen ab, die Chips oder Chaps (Japs) genannt wurden. Solche Kästen wurden teilweise als Amulett am linken Arm getragen. Sie dienten als Zeitmeßgerät oder auch als Kalender.
Der Fetischismus der Chipianer trieb manch seltsame Blüte. Man mag es als Spielerei abtun, wenn sie sich die Uhrzeit anzeigen ließen, aber es gab auch Menschen, die sich solche Geräte ins Ohr einbauten, um die Schallwellen der Umgebung zu verstärken. Andere vertrauten sogar ihren Herzschlag diesen primitiven Schaltgeräten an.
Die Chipianer selbst behaupteten, sie würden ihren Ruhm und ihre Erfolge einem Führer verdanken, dem General Motors. Er habe von seinem Heimatort Nixdorf aus Feldzüge in die ganze Welt geführt. Beinahe überall gründete er Kolonien.
Vergleichbar den Faustkeilen und Pfeilspitzen aus Feuerstein, von denen jedes kleine Heimatmuseum stets mehrere Exemplare zeigen kann, wurden inzwischen solche Mengen an Chips gefunden, daß sie keinen eigentlichen archäologischen Wert mehr haben. Und ebensowenig, wie man von einem bestimmten Faustkeil auf einen bestimmten Volksstamm schließen darf, sagt auch ein gefundener Chip nichts über seinen ehemaligen Besitzer aus.
Die Wanderungen der Colaken, der Plastikbecherleute und der Chipianer werden inzwischen von keinem Wissenschaftler mehr angezweifelt. Damit müssen wir aber auch Abschied nehmen von verschiedenen Vorstellungen, die uns aus alten Erzählungen vertraut sind. Denn für eine Völkerwanderung der Deutschen nach Mallorca gibt es keine archäologischen Hinweise; ebensowenig für den Zug der Türken nach Berlin-Kreuzberg oder für den der Italiener nach Wolfsburg. Hierbei handelt es sich wohl um reine Phantasievorstellungen.

Die Totems
(Generalmajor a. D. Rudolf v. Stachowitz)

Zwei Dinge haben uns die Menschen des 20. Jahrhunderts in reichem Maße hinterlassen: Chips und Totems. Beides kann praktisch überall gefunden werden. Allerdings war es lange Zeit nicht nur für einen Laien sehr schwer, ein Stück natürlicher, dunkler Erde von einem über Jahrhunderte korrodierten Metall zu unterscheiden.

Seit der Entwicklung des XXV-Massen-Laser-T-Spektographen ist dies aber sehr einfach geworden. Sogar die ursprüngliche Form läßt sich in 80 Prozent aller Fälle rekonstruieren. Bei den Totems kann zusätzlich die Beschichtung mit einer Sicherheit von ebenfalls 80 Prozent und das Aussehen der Bemalung mit einer 50prozentigen Genauigkeit wiederhergestellt werden.

Nach den strengen Regeln der Mathematik ist also nur jede dritte Tafel, die auf diese Weise »entdeckt« wird, richtig wiedergegeben – eine Relation, die eigentlich entmutigend wirkt. Angesichts der Tatsache aber, daß kein anderes Verfahren zur Verfügung stand, und schon gar kein besseres, analysierten die Forscher dennoch das, was sie vorfanden. Zwei Drittel der Totems, deren ursprüngliche Form mittels des neuen Lasergerätes erforscht wurde, waren jedoch so offensichtlich unsinnig oder falsch, daß sie ausgesondert werden mußten.

Das Betreten ist für Unbefugte verboten oder auch: *Unbefugtes Betreten verboten* sind solche Wortfolgen, die zwar häufig ermittelt wurden, aber exakt formuliert heißen müßten: Das Betreten ist für Leute verboten, denen das Betreten verboten ist. (Solche sind ja unbefugt.)

Achtung Fußgänger oder *Achtung spielende Kinder* sind Warnungen, die vielleicht einem absoluten Einzelgänger und Menschenfeind gelten könnten, doch bleibt auch hier die Frage, welche Gefahr von Fußgängern oder Kindern denn ausgeht.
Anlieger frei ist eine weitere Tafel, die relativ oft identifiziert wurde, obwohl der Sinn unklar bleibt. Auch unsere modernen Hochleistungsrechner konnten auf einfache Fragen hierzu keine befriedigende Antwort finden. (Was ist ein Anlieger? Warum sollte er außerhalb eines bestimmten Bereichs unfrei sein? Wie zeigte sich diese Unfreiheit? Was sind die anderen? Unanlieger?)
Der Totem *Achtung Schranke* würde sich, wenn er tatsächlich so beschriftet gewesen wäre, an Menschen richten, die zwar lesen können, andererseits aber außerstande sind, eine Schranke zu erkennen bzw. zu erfühlen.
Die Schilder *Naturschutzgebiet* und *Landschaftsschutzgebiet* sind ebenso unverständlich. Wo sollte der Unterschied sein zwischen einem Natur- und einem Landschaftsschutzgebiet? Was war in einem zu unterlassen, das im anderen erlaubt oder gar geboten gewesen wäre?
Daneben soll es noch Tafeln mit der Aufschrift *Wasserschutzgebiet* gegeben haben, die aber ebenfalls schon aus rein logischen Gründen ausscheiden, da es unmöglich ist, die Natur zu schützen, ohne gleichzeitig das Wasser und die Landschaft. Oder nur die Landschaft, oder nur das Wasser. Es bereitete den Forschern also keine Mühe, falsch rekonstruierte Tafeln auszusondern.
Dem restlichen Drittel der bekannten Totems verdanken wir im wesentlichen unser bisheriges Bild über die Menschen des 20. Jahrhunderts.
So läßt sich der wiederholt vorgebrachten Bitte, die Feuerwehrausfahrt freizuhalten, entnehmen, daß dies keineswegs üblich war.

Einige Totems bestimmen, daß Eltern für ihre Kinder haften sollten. Offenbar waren die Kleinen ansonsten voll für ihr Tun verantwortlich. Mit zunehmendem Alter aber verschwand diese Eigenverantwortlichkeit allmählich.
Durchgang, Durchfahrt oder *Betreten auf eigene Gefahr* sind häufig gefundene Aufschriften, die darauf hinweisen, daß die Menschen, wenn sie erwachsener geworden waren, viele alltägliche Dinge auf fremdes Risiko hin unternahmen.
Wenn das mutwillige Beschädigen eines Münzfernsprechers an bestimmten Orten durch Tafeln verboten wurde, so mußte es doch anderswo erlaubt gewesen sein. Gleiches gilt für das Bekleben oder das Bemalen bestimmter Flächen, oder das Schuttabladen an bestimmten Stellen.
Widerspruchsfrei war das so gewonnene Bild aber nie. Darauf deuten nicht nur die vielen Witze hin, die noch immer über unsere frühen Vorfahren in Umlauf sind. Auch der Spottname Schildbürger leitet sich nach Meinung von Legationsrat L. Legast aus der anscheinend widersinnigen Aufstellung solcher Totems ab.
Auf der Suche nach einer befriedigenderen Lösung war es das Softwarepaket Analysis C III M, das den entscheidenden Hinweis lieferte: Nicht Menschen, sondern Götter sollten durch diese Tafeln angesprochen werden. Abstrakte Wesen also, denen man die Fähigkeit des Lesens zutraute, die aber, da selbst körperlos, vielleicht die Bedeutung und Wirkungsweise einer Schranke nicht richtig einzuschätzen wußten.
Mit Hilfe dieses neuen Denkansatzes erhielten aber viele der Totems, die bislang als unsinnig ausgesondert worden waren, plötzlich eine neue Bedeutung. Die Tafel *Durchfahrt verboten für Kraftfahrzeuge, Motorräder und Mopeds* und die gleichzeitig abgebildeten, dann aber sogleich wieder durchgestrichenen Autos, Motor-

räder und Mopeds ließ sich so erklären, daß die Menschen eben nicht wußten, ob die Götter die alte Buchstaben- oder die neue Bilderschrift lesen konnten.
Andererseits trauten sie diesen überirdischen Wesen durchaus zu, mit Hilfe von Kraftfahrzeugen auf Forstwegen herumzufahren.
Rein theoretisch ist die Forschung mit dieser neuen Interpretation einen Schritt weitergekommen, denn damit lassen sich viele Tafeln relativ mühelos und zudem weitgehend widerspruchsfrei interpretieren.

Die Chips
(John Debakey, M.A.)

Eine kleine Scherbe genügt einem geübten Sinologen, um die Form einer chinesischen Vase, die Farbe und die Kulturepoche zu bestimmen, der sie zuzuordnen ist. Ebenso können Archäologen aus winzigen Glassplittern und deren Wölbung das Baujahr und die Größe einer Bildröhre ableiten, da solche gegen Ende des zweiten Jahrtausends offenbar in großen Mengen fabrikmäßig erstellt wurden. Zwar handelt es sich bei derartigen Deutungen um Routinearbeiten, die jeder Student in den ersten Semestern lernt. Andererseits sollte man nie vergessen, daß uns tatsächlich nur ein einziges, vollständiges Exemplar eines Bildschirmes erhalten geblieben ist; das allerdings komplett mit allen dazugehörigen Steuereinrichtungen, Schaltern und dem Gehäuse.

Das Gerät wurde vermutlich gestohlen, anschließend gut versteckt und erst 1950 Jahre später bei Kanalausbesserungsarbeiten wiedergefunden. Es genügte, einen zweiphasigen elektrischen Strom anzuschließen, dessen Pole entsprechend den Angaben auf dem Stecker 50mal pro Sekunde ausgetauscht wurden, sowie ein Potentialgefälle von 220 Volt (nach heutigen Maßstäben etwa $1{,}3 \times 10^2$ Hauenstein), und das Gerät funktionierte, als sei es funkelnagelneu. Nach dem Einschalten wurde ein Band aus Plastikfolie ab- und gleichzeitig wieder aufgewickelt, dabei erschien auf dem Bildschirm ein dunkelhäutiger, schwarzhaariger Mensch mit einer Blechdose in der Hand, von der man heute annimmt, daß es ein Mikrophon gewesen sein könnte.

Aus Gründen einer uns verborgenen Symbolik wurde es dann so eigenartig geformt und so seltsam groß dimensioniert.
Nach dem übereinstimmenden Bericht aller, die es mit angesehen hatten, sang der Mann:

»Schuuwiduwiduu,
schuuwiduwidei,
schuuwiduwiduu,
schuuwiduwidei.«

Dann erschien ein ganzes Orchester, das die Melodie noch einige Male wiederholte. Danach versicherte eine Sprecherin: »Das war die Sendung: Musik für Millionen.« Allerdings erläuterte sie nicht, wie dies wohl gemeint gewesen war, denn das Bild erlosch. Das Plastikfolienband war komplett abgewickelt. Eine sinnreiche Mechanik ermöglichte aber ein rasches Rückwärts- und Vorwärtswickeln. Das geschah langsam oder schnell, je nach Knopfdruck, und sollte wohl auch ein wiederholtes Betrachten und Hören des Sängers ermöglichen.
Wir können dies heute mit Sicherheit sagen, nachdem der Gesamtfund in mehreren unabhängigen Laboratorien analysiert worden ist. Deshalb wissen wir auch, weshalb der zweite Versuch, den Sänger zu betrachten und zu hören, mißlang: Anstatt die Aufzeichnung abzuspielen, wurde sie gelöscht!
Sicher, die Markierung der Tasten verführte gerade zu solch einem Tun. Der leuchtendrote Punkt auf dem nach rechts gerichteten Pfeil wirkt auch heute noch eher als Aufforderung und nicht als Warnung. Daran ändern auch die bissigen Anmerkungen mancher besserwisserischen Zeitgenossen nichts, die heute gerne erklären, wie vor- und umsichtig sie mit einem solchen Urgetüm umgegangen wären.
Wie dem auch sei, die beweglichen Bilder jedenfalls sind unrettbar zerstört. Da hilft auch die Tatsache nicht weiter, daß Prof. Dr. Joseph Müller, der den unheilvol-

len Tastendruck vollzog, sich acht Wochen später zu Tode stürzte.
Zwar wird dieser Verlust immer und immer wieder beklagt, vor allem weil Prof. Müller und seine Forschungsgruppe ja nur den letzten Rest eines Folienbandes gesehen hatten, das wahrscheinlich bewegte Bilder mit einer Darstellungsdauer von etwa zwei Stunden gespeichert hatte. Darüber wird aber allzu leicht vergessen, welch großen Nutzen die Wissenschaft von der Untersuchung des Apparates hatte. Viele Forscher sind inzwischen davon überzeugt, daß die Aufzeichnung unser Wissen über die Menschen des 20. Jahrhunderts nur ganz wenig vermehrt hätte. Den weitaus größeren Nutzen würden wir aus den vielfältigen Erkenntnissen ziehen, die erst durch die genauen Untersuchungen des Bildröhrenapparates möglich wurden.
So können wir heute sicher sein, daß dieses Gerät ausschließlich der Wiedergabe gedient hat. Es war weder möglich, mit ihm ein Bild aufzunehmen, nicht einmal ein ganz einfaches, noch konnte man damit Nachrichten übermitteln. Die Darstellungen selbst kamen von dem schon beschriebenen Folienband, das allerdings neue Motive aufnehmen konnte, sofern diese zuvor entsprechend aufbereitet waren. Zu diesem Zweck hatte das Gerät eine einfache Buchse. Offenbar wurden Darstellungen, wie die des Sängers, sequentiell über ein Kabel auf das Band übertragen.
Daneben gibt es noch einen Empfangsteil, der in der Lage ist, elektromagnetische Wellen aus der Luft zu empfangen und weiterzuverarbeiten. Dieser Teil ist inzwischen wohl am besten erforscht. Er reagiert auf Impulse im Infrarotbereich und steuert Funktionen wie einschalten, ausschalten, Intensitätsregelung der Lautsprecher oder der Helligkeit des Bildschirms und die Art der Farbmischung.
Dies alles wird über 29 der damals üblichen Riesenchips

gesteuert. Damit ist es der historischen Forschung erstmals gelungen, ein Beispiel für die Anwendung solcher elektronischer Schaltkästen zu finden.
Chips wurden also nicht zu wissenschaftlichen Analysen verwendet, nicht, um komplizierte Prozesse zu steuern, sondern um eine Bildröhre ein- oder auszuschalten. Viele Historiker waren von dieser Entdeckung hart getroffen. Vor allem jene, die sich mit unvorstellbarer Zähigkeit und in ausdauernder Kleinarbeit darum bemühten, unser Bild über die Menschen des Dosenzeitalters zu verbessern und der Meinung sind, unsere Vorfahren seien keine Dummköpfe mit selbstzerstörerischen Lebensgewohnheiten gewesen. Auch sei es falsch, zu glauben, damals hätte man noch keine komplexen Zusammenhänge erfassen können und hätte Probleme durch Schlägereien oder gar Kriege gelöst. Vielmehr soll es sich nach Meinung dieser Geschichtswissenschaftler um *Menschen* gehandelt haben, und zwar genau in dem Sinne, wie wir dieses Wort auch heute noch verwenden: um vernunftbegabte Wesen, die Computer als Werkzeuge verwendeten und Produktionsabläufe über mehrere tausend Stufen planen, organisieren und realisieren konnten.
Und ausgerechnet zu einem Zeitpunkt, als breitere Kreise der Bevölkerung allmählich bereit waren, dieses positive Bild zu übernehmen, da entdeckte man erstmals einen eingebauten Chip. Die ganze mühevolle Arbeit wurde mit einem Schlag zunichte gemacht.
Nun saßen die Menschen des 20. Jahrhunderts wieder als geistlose Einfaltspinsel in einem Sessel vor ihren beweglichen Bildern und zeigten voller Stolz ein Gerät, das ihnen per Knopfdruck die Arbeit abnahm, einen Knopf drücken zu müssen.
Inzwischen wurde diese Vorstellung aber erneut gründlich revidiert. Welchen Sinn sollte es auch haben, den Druck auf die Taste *on* zu ersetzen, indem man einen

kleinen Sender einschaltet, um damit den Befehl zu übermitteln, die Taste *on* zu drücken?
Nein! Wer einen solchen technischen Aufwand treibt, der hat andere Absichten. Er will über seine Mitmenschen herrschen und bestimmen, wann sie was mit welcher Intensität sehen und hören sollen. Leider wissen wir von diesen Manipulateuren bis heute nichts weiter, als daß es sie sicher gegeben haben muß. Hier liegt noch ein weites Feld der historischen Forschung unbearbeitet vor uns.
Vielleicht rührt aber die Angst vor Computern, die damals allgemein verbreitet war, von solchen Bildgeräten her, die von Unbekannten bedient werden konnten. Da die Chips diese Geräte genauso steuerten wie richtige Rechenanlagen, könnte es zu dieser undifferenzierten Furcht gekommen sein.

Computerangst
(Dipl.-Hist. Alan T. Miller)

Eine unbekannte Schrift zu entziffern ist ein Kinderspiel, verglichen mit der Aufgabe, ein Computerprogramm zu lesen, von dem man nicht weiß, in welcher Sprache es geschrieben wurde, für welches Gerät und für welche Ebene in der Befehlshierarchie. Zudem herrschte damals die Unsitte, sämtliche Informationen auf runden Datenträgern wie Disketten oder Platten kreisförmig zu speichern. Außerdem wurden alle Daten als magnetische Zeichen abgelegt, die lediglich den Wert 0 oder 1 haben konnten. Dies hat zur Folge, daß der heutige Interpret beispielsweise eine Kette von 50 000 Zeichen abtasten kann, die ringförmig angeordnet sind, wobei er nicht einmal zu sagen vermag, an welcher Stelle er mit dem Lesen beginnen sollte.
Die Aufgabe besteht also darin, etwa folgende Information, die aber tausendmal so lang ist, ins Deutsche zu übersetzen:
00100111001010110010011111100010000001110000111000.
Dabei weiß man nicht einmal, ob die Zeichen von rechts nach links oder umgekehrt angeordnet wurden.
Zum Vergleich: Wer ein Blatt Papier mit fremden Schriftzeichen in Händen hält, kann es damit probieren, diese von oben nach unten oder von links nach rechts oder in der jeweiligen Gegenrichtung zu interpretieren. Abgesehen davon, daß er dabei das Blatt vielleicht auch noch falsch herum vor sich liegen hat, gibt es doch nur vier Stellen, an denen der Text beginnt; auf einer Diskette sind es aber pro Ring einige tausend!
So haben sich zwar etliche Datenträger erhalten, aber bis-

lang noch jeder eindeutigen Interpretation entzogen. Es gibt deshalb heute lediglich zwei Programme, von denen einige ernsthafte und anerkannte Forscher glauben, man habe sie verstanden. Die Zweifel sind jedoch groß. Manche halten solche Übersetzungen gar für reine Scharlatanerie, weil es für ihre Richtigkeit keine Beweise gibt.
Andererseits ist der verwendete Code für die Entzifferung in beiden Fällen der gleiche. Außerdem kommt er ohne zusätzliche Erläuterungen aus, die die Sache erneut komplizieren würden. Insoweit bestechen die Darstellungen durch ihre innere Schlüssigkeit.
Eines der beiden Programme nennt sich *Pacman.* Auf dem Monitor wird das primitive Gemälde eines Urwalds sichtbar, mit angedeuteten Lianen, Bösewichten und Früchten. Eine bestimmte Art davon soll *Pacman* verspeisen, ohne dabei selbst von anderen Urwaldbewohnern gefressen zu werden. Der Hauptdarsteller kann über bestimmte Inputschnittstellen gesteuert werden, das Verhalten der anderen Darsteller wird vom Programm gesteuert.
Es handelt sich um ein Geschicklichkeitsspiel, das intellektuell anspruchsloser ist und weniger Fertigkeit verlangt als beispielsweise Mikado; ganz abgesehen einmal von der ästhetischen Komponente. Manche Theoretiker vermuten daher, daß *Pacman* um einiges älter sein dürfte als das Spiel mit den Stäbchen.
Das zweite Programm ist in der Lage, nach den klassischen Regeln Schach zu spielen. In der ersten Runde übernimmt es die weißen Figuren, dann die schwarzen usw. Nach jedem eigenen Zug wartet es auf die Eingabe des Gegenspielers.
Viele Menschen wollen nicht glauben, daß schon vor 1700 Jahren Schach gespielt wurde, noch dazu nach den gleichen Regeln, wie sie heute gelten. Sie sehen allein darin den Beweis, daß es sich hier um eine Fälschung handelt.

Einige Mathematiker konnten nachweisen, daß es mit diesem Schachprogramm möglich war, zwei Rechner gegeneinander spielen zu lassen und das Duell auf dem Bildschirm zu verfolgen. Seither ist die Vorstellung unausrottbar, die Menschen hätten im 20. Jahrhundert ihre Computer zu eben diesem Zweck verwendet.

Vor den Computern fürchteten sich die Menschen jedoch damals. Jedenfalls gibt es viele Äußerungen, die in diese Richtung gehen. Ob es eine Angst vor den Maschinen war oder vor den Menschen, die sie bedienten, läßt sich leider nicht mit Bestimmtheit sagen. Andererseits ist es schwer zu verstehen, was an einem Schachspieler oder dem *Pacman* so unheimlich gewesen sein könnte.

Domkapitular Franz Josef Maier gelangte angesichts dieser wenigen, aber schwer verständlichen Fakten zu der Meinung, die gefundenen Spiele seien nicht für die Menschen, sondern für Computer entwickelt worden. Sie sollten sich daran erfreuen und in eine wohlwollende Laune versetzt werden.

Vielleicht hofften unsere Vorfahren, daß die für sie so bedrohlich wirkenden Rechner somit abgelenkt würden und wenigstens vorübergehend keine Gefahr darstellten.

Das Skateboard
(Dr.-Ing. H. Ratke)

»Skateboard« wird ein Unikat genannt, das in einem verrottungsfesten Sack aus nylonähnlichem Stoff entdeckt wurde. Diese Verpackung, die hundertprozentig wasserdicht und wahrscheinlich zudem sehr gasdicht gewesen sein muß, erklärt den unglaublich guten Erhaltungszustand des ansonsten doch seltsamen Stückes.
Gefunden wurde es von einem automatischen Bagger, der den Auftrag hatte, alte Datenkabel auszutauschen, die im Boden verlegt waren. Das Programm der Erdbewegungsmaschine diagnostizierte das Knäuel richtig als »Fremdkörper« der Kategorie »Hist. Pot. X« und informierte die entsprechenden Institute.
Der Name Skateboard leitet sich ab von dem Schriftzug auf dem wie eine überdimensionale Schuhsohle geformten Brett. Es besteht aber eindeutig nicht aus Holz, sondern aus einem Kunststoff, dessen Zusammensetzung noch nicht analysiert wurde. Bis heute konnte sich nämlich niemand dazu entschließen, eine Materialprobe aus dem perfekt erhaltenen Stück herauszutrennen. Es läßt sich deshalb auch nicht mit Sicherheit sagen, ob die Oberfläche ursprünglich völlig eben gewesen ist oder bereits leicht gebogen. Die heutige Form wirkt auf viele Zeitgenossen elegant, ja sogar schwungvoll, und könnte ursprünglich auch so beabsichtigt gewesen sein.
Unten (nach anderer Meinung oben) an dieser bis zu drei Zentimeter dicken Sohle sind zwei metallene Pendelhalterungen angebracht, an denen jeweils eine Stahlachse befestigt wurde. Diese enden in etwa 5 cm breiten

Kunststoffrollen, die deutliche Spuren einer intensiven Nutzung aufweisen.
Über den Zweck dieses Skateboards gibt es verschiedene Annahmen. Sie reichen vom Symbol der Großspurigkeit über Kultfahrzeug bis zum schlichten Rolluntersatz, der helfen sollte, schwere Kisten oder Säcke zu transportieren.
Die Mehrheit der Archäologen neigt der Ansicht zu, es habe sich um den fahrbaren Untersatz für ein Auto gehandelt. Demzufolge wären für ein normales Fahrzeug vier solcher Instrumente notwendig gewesen, für jeden Reifen eines.
Tatsächlich ergibt die auf den ersten Blick merkwürdig erscheinende Form mitsamt der eigenartigen Achsanordnung und deren Aufhängung einen Sinn, sobald man einmal versucht, ein Gerät zu entwickeln, auf das sich ein schweres Fahrzeug mit möglichst wenig Kraftaufwand rollen läßt. Hierfür ist ein Skateboard das optimale Werkzeug, an dem auch moderne Simulationsprogramme nichts mehr zu verbessern finden. Die Breite sowie die rechnerische Belastbarkeit stimmen, und die Aufwärtsbiegung des Bretts an einer Seite verhindert ein unbeabsichtigtes Abrollen des Wagens.
Auch Kritiker bestreiten es nicht: Wenn man ein Auto auf Transportrollen setzen wollte, dann wären vier Skateboards die ideale Lösung. Aber warum sollte man so etwas überhaupt wollen? Fahren kann ein Auto doch ohnehin!
Zur Beantwortung dieser Frage muß man wissen, daß die Fahrzeuge des Dosenzeitalters sehr große Lenkradien hatten. Meist konnte sogar nur eine Achse gesteuert werden. (Jawohl, Achse! Die Einzelradlenkung gab es damals noch nicht.) Deshalb benötigte ein solches Gefährt auch dann viel Platz, wenn es nur parkte. Es mußte ja zu seinem Abstellplatz und von dort wieder wegrangieren können. Ganz abgesehen davon, daß

der Fahrer noch Fläche zum Ein- und Aussteigen beanspruchte.
Deshalb konnten in einem Parkhaus höchstens halb so viele oder gar nur ein Drittel der Fahrzeuge untergebracht werden, die rein rechnerisch dort Platz gehabt hätten. Dieser doch enorme Nachteil wurde vermieden, wenn man alle Fahrzeugräder auf Skateboards stellte. Auto konnte neben Auto bugsiert werden, und jedes benötigte nur noch wenige Quadratzentimeter mehr, als die eigene Grundfläche beanspruchte.
Somit ist das gefundene Skateboard ein schönes Beispiel dafür, welch zweckorientierte Werkzeuge von den Menschen im Dosenzeitalter entwickelt und perfektioniert wurden.

Das Klima
(Dipl.-Winz. Claus Adelsberg vom Adelsberg)

Klimatische Vorgänge müssen die Menschen im Dosenzeitalter ganz direkt betroffen haben. Sie lebten ja im Freien, wie wilde Tiere. Um also diese Menschen verstehen zu können, sollten wir auch einiges über die klimatischen Bedingungen der damaligen Zeit wissen.
Da uns keine Aufzeichnungen über das Wetter vorliegen, sind wir auf indirekte Rückschlüsse angewiesen. Danach muß etwa ab 1960 eine ausgesprochene Warmzeit angebrochen sein. Kaum Regen, angenehme Temperaturen, und das jahraus, jahrein.
Zu diesem Ergebnis gelangten verschiedene Wissenschaftlerteams, die völlig unabhängig voneinander forschten. So gibt es ab 1960 immer wieder Berichte von unermeßlichen Ernteüberschüssen. Die Leute wußten damals nicht, was sie mit dem vielen Getreide, den Tomaten, dem Wein und der Butter machen sollten.
Besonders interessant ist eine leider nur teilweise erhaltene Statistik, aus der sich ein enormer Anstieg der prämiierten Spitzenweine ergibt:

1955:	75	Medaillen
1965:	350	Medaillen
1975:	750	Medaillen
1985:	1276	Medaillen
1995:	1356	Medaillen

Allein aus diesen Zahlen läßt sich die sprunghafte Erwärmung ablesen.
Damit ging natürlicherweise auch ein Rückgang der Regenfälle einher, der sehr gut an den Jahresringen von Baumstämmen nachweisbar ist. Dabei ergab sich ab 1970

ein deutlicher Rückgang des jährlichen Zuwachses. Forstfachleute sehen dies als eine Folge der Trockenheit, die sich zwingend aus einer langandauernden Warmwetterperiode ergibt.
Das Klima war natürlich auf dem Erdball unterschiedlich. So wird aus jener fernen Zeit auch von großen Ernteausfällen berichtet, die in Afrika und Indien beobachtet wurden. Dort muß es gegen Ende des 20. Jahrhunderts sehr kalt gewesen sein.

Das Gesundheitswesen
(Priv.-Doz. Dr. Dr. med. H. Kieperer)

Bis vor kurzem haben wir über das Gesundheitswesen des Dosenzeitalters nur gewußt, daß es noch keine Medizinmänner gab, sondern ausschließlich Spezialisten. Man unterschied Seelenarbeiter (Psychiater) und Handwerker (Ärzte). Diese spärlichen Kenntnisse wurden in den vergangenen Jahren beträchtlich erweitert durch die Ausgrabungen und die Rekonstruktion eines noch weitgehend intakt gebliebenen Krankenhauses in Lüdenscheid.

Das Gebäude hatte wahrscheinlich fünf Stockwerke und etwa 240 Krankenzimmer. Es wurde Inter-Hotel genannt, was vielleicht eine damals gebräuchliche Kurzform für *Internationales Hospital* oder *Hospitel* war.

Da die Krankenräume sich in den oberen Stockwerken befanden, die alle eingestürzt sind, läßt sich über ihre Einrichtung relativ wenig sagen. Dagegen konnten die Operationssäle und die Apotheke genauer erforscht werden.

Zur Behandlung der Patienten gab es zwei Säle, einen für leichte Fälle und einen weiteren für solche, bei denen kompliziertes technisches Gerät eingesetzt werden mußte. Von der Eingangshalle aus konnte jeder ungehindert den ersten dieser Räume betreten. Über der Tür stand *Restaurant.* Das Wort kommt vom lateinischen »restaurare« (wiederherstellen). Die Namensgebung sollte dem Patienten wohl Mut einflößen.

Die Operationstische – es waren mehrere in einem Raum – sind im Laufe der Jahrhunderte natürlich alle verschwunden. Lediglich die Beleuchtungsanlagen lie-

ßen sich anhand der verlegten elektrischen Leitungen rekonstruieren.
Nicht mehr allgemein zugänglich war dagegen der zweite Operationssaal. Dort gab es mehrere Wasserstellen, Abflüsse, Gasleitungen und Kamine. An Handwerksgerät wurde gefunden: verschiedene Messer, Schaber, Doppel- und Mehrfachzinken, dazu Reinigungsmaschinen, die sogar mit erhitztem Wasser gearbeitet haben müssen. Nach der gesamten Ausstattung zu schließen, konnten die Ärzte damit sehr unterschiedliche Behandlungen durchführen.
Den Eingang zur Apotheke zierten die drei Buchstaben B, A und R. Ihre Bedeutung ist noch nicht restlos geklärt. Im allgemeinen werden sie heute interpretiert als: *B*aderartikel und *A*rzneien gegen *R*ezept oder, nach einem Vorschlag Landsbergers, als Hinweis auf die dort üblichen Zahlungsmodalitäten. Gerade die zweite Alternative mag zunächst kurios klingen, sie wird aber verständlich, wenn man sich die viel größeren Risiken vergegenwärtigt, die damals mit dem Kranksein verbunden waren. Ein Apotheker mußte schon Bargeld verlangen, wollte er nicht Gefahr laufen, daß sein Kunde starb, bevor er gezahlt hatte.
Die Apotheke selbst war sehr zweckmäßig eingerichtet. Hinter einer Theke befanden sich Vorrichtungen zum Mischen, Rühren und Schütteln. Der Patient konnte also die Zubereitung seiner Arznei mit ansehen.
Aus Glassplittern, Etikettenresten und vertrocknetem Material ließen sich einige Stoffe näher bestimmen, die auch heute noch Verwendung finden. Es gab eine Medizin, die »Schweppes« genannt wurde und Chinin enthielt; »Verpoorten« wurde mit Hühnereigelb zubereitet; diverse Heilkräuter fanden sich in Sechsämtertropfen, Fernet-Branca, Benedictine und Cinzano; Ochsenblut im Rheintrollinger, Läuseblut in Cynar, sowie Schwefel im Moselgauer Riesling.

Insgesamt gab es damals eine größere Vielfalt an Arzneien, als wir bislang vermuteten. Andererseits mußten sich die Menschen im Dosenzeitalter schon wegen ihrer Eßgewohnheiten mehr mit der Heilkunde befassen, als das heute notwendig ist.

Der Kalender im 20. Jahrhundert
(Dipl.-Oec. Markus Landsberger)

Auch heute noch, im Jahre 3721, führen wir unser Kalendersystem gerne bis auf die frühen Babylonier oder Ägypter zurück. Der Tag mit 24 Stunden, die Woche mit sieben Tagen, das Jahr mit zwölf Monaten, alles dies soll demnach eine Tradition haben, die sechs-, wenn nicht achttausend Jahre zurückreicht. Ob es eine solche Kontinuität aber je gegeben hat, ist inzwischen doch sehr zweifelhaft, wie folgende Beispiele zeigen.
So berichtet das Fragment einer Druckschrift aus dem späten 20. Jahrhundert davon, daß sich die 40-Stunden-Woche bewährt habe und deshalb beibehalten werden solle.
Einer Messingtafel, auf der Tennisunterricht angeboten wird, ist zu entnehmen, daß damals eine Stunde nur 45 Minuten dauerte.
In einer Gehaltsbescheinigung des Bankangestellten Wilhelm C. Meyer bestätigte dieser, für ein Jahr vierzehn Monatsgehälter bekommen zu haben und zudem sechs Wochen Urlaub.
Mit Hilfe dieser spärlichen Angaben dürfen wir nun aber keineswegs versuchen, ein neues System zu rekonstruieren, etwa nach dem Grundsatz: Eine Woche hatte 40 Stunden zu je 45 Minuten. Denn die Zeiteinteilung war keineswegs einheitlich geregelt. Es gab neben der 40-Stunden-Woche eine mit 35, mit 37,5 oder mit 60 Stunden und Jahre mit 12, 13 und 14 Monaten.
Auch hatte der Tag nicht unbedingt 24 Stunden. Ein Bayerischer Landtag dauerte beispielsweise eine Sitzungsperiode von drei Wochen.

Von dem bereits genannten Wilhelm C. Meyer hat sich ein Schreiben erhalten, in dem er für einen Kredit um »Stundung« bittet. Das heißt, er bat darum, ihn drei Monate (!) später zurückzahlen zu dürfen.
Wie sich die Menschen in einem solchen Chaos zurechtfanden, in dem die Stunde sowohl 45 Minuten als auch drei Monate dauern konnte, ein Tag sich über Wochen hinziehen konnte und eine Woche manchmal nur sehr kurz war, das ist bis heute völlig ungeklärt.

Die amphibische Siedlungsweise
(Dipl.-Arch. Franz Heimer)

Während die intraterrestrische Bauweise kurz vor dem Jahr 2000 aufkam, lebten viele Menschen des Dosenzeitalters wohl noch immer in der hergebrachten Weise. Auch dafür gibt es ausreichende Funde.

Siedlungsreste aus dieser Zeit lassen sich an vielen verschiedenen Orten finden, am Rand des Mittelmeeres aber immer. Zwar ist der Wasserspiegel in den vergangenen Jahrhunderten stetig gestiegen, da mit der allgemeinen Erwärmung, die damals begann, die Gletscher schmolzen. Gerade dadurch aber kann die nahezu vollständige Besiedlung des Küstenstreifens auf vielfältige Weise dokumentiert werden, in flachen Gewässern durch die Unterwasserarchäologie, an steilen Küsten durch Landgrabungen.

Meist wurde direkt am Meer gebaut. Häufig nicht weiter als 30 Meter im Landesinneren, an manchen Stellen auch bis zu hundert Meter. Nur ganz selten sogar mehrere Kilometer weit, wie bei Rom, Malaga oder Nizza.

Unmittelbar dahinter stellten die Forscher eine auffallende Fundleere fest. Daraus schlossen manche, daß die Menschen damals wohl gerne am Meer gewohnt haben müssen. Hin und wieder wurde sogar vermutet, daß Leute darin gebadet haben sollen. Diese Vorstellung erscheint jedoch aus medizinischer Sicht absurd, es sei denn, es handelte sich um Selbstmordfälle.

Um so mehr rätseln wir heute über die Gründe für dieses sehr ungewöhnliche Siedlungsverhalten. Eine Zeitlang wurde die Hypothese vertreten, die Menschen hätten an den Gestaden des Mittelmeers nicht dauernd

gelebt, sondern nur vorübergehend für einige Tage oder Wochen.
An diesem Standpunkt wird aber inzwischen nicht mehr ernsthaft festgehalten. Es sind zu viele Ungereimtheiten, die nicht abschließend geklärt werden konnten. Warum sollten die Menschen zu jener Zeit lange Reisen unternommen haben? Wegen einiger Tage? Noch dazu, wenn sie dort sehr dicht beieinander und übereinander wohnen mußten? Handelt es sich dabei doch um eine Bauweise, die erwiesenermaßen aggressionsfördernd wirkt.
Der geneigte Leser möge sich bitte daran erinnern, daß gegen Ende des zweiten Jahrtausends in ganz Mitteleuropa ein warmes, sonniges Klima geherrscht haben muß. Das läßt sich an den reichen Weizenernten ablesen, die es damals gab, und an den vielen Weinprämiierungen.
Zudem war das Reisen selbst gefährlich. Die Fahr- und Flugdosen beispielsweise waren eng und unbequem. Sie verströmten betäubende Gase und dürften allein deshalb nur in äußersten Notfällen benutzt worden sein. Um aber zu Fuß ans Mittelmeer zu gelangen, benötigte man Wochen.
Ferner spricht gegen die These des nur vorübergehenden Aufenthaltes sowohl die Anzahl als auch die bauliche Qualität der heute noch vorhandenen Reste. Als gesichert gilt deshalb eine ganzjährige Nutzung.
Wahrscheinlich wurden die Bewohner durch die reinigende Kraft des Wassers angezogen. Das Wasser, nicht in der natürlich vorkommenden, salz- und schwermetallhaltigen Form, sondern filtriert, benutzten die Menschen, um sich von radioaktiven oder sonstwie verseuchten Partikeln zu befreien. Für diese Ansicht spricht die Tatsache, daß inzwischen bei fast jedem Gebäude ein in die Erde eingelassener Behälter gefunden wurde, der dazu bestimmt war, die filtrierte Flüssigkeit

für eine gewisse Zeit aufzubewahren. Für den Archäologen sind solche Einrichtungen meist leicht zu erkennen, weil sie innen hellblau gestrichen waren, eine Farbe, die das Wachstum von Algen und Muscheln verhinderte. Der Behälter war meist rechteckig, acht auf zwölf Meter, und anscheinend nicht überdacht.
Am Rand dieser Bassins konnte man regelmäßig Duschen nachweisen, zumindest die Rohre dafür und die Anschlüsse. Was liegt also näher als die Annahme, es habe sich um Dekontaminierungseinrichtungen gehandelt.
Da die Menschen des 20. Jahrhunderts mit ihrem punktuellen Wissen noch keinen wirksamen Schutz gegen Radioaktivität kannten, nahmen sie bei der Wahl ihres Wohnortes auf diesen Risikofaktor besondere Rücksicht. Diese Tatsache würde die uns so seltsam erscheinende Siedlungshäufigkeit erklären.
Mit steigendem Gesundheitsbewußtsein zog es unsere Vorfahren also in die Nähe des Wassers. Dort konnten sie mit einem einigermaßen erträglichen Aufwand die Gifte des Tages, die sich auf der Haut festgesetzt hatten, wieder wegspülen, nämlich mit Hilfe der Duschen und Wasserbehälter. Da somit alle Risiken (Strahlung, Niederschläge) so gering wie eben möglich gehalten waren, stiegen die Chancen, länger zu leben.
Wenn man annimmt, daß die Älteren stärker auf ihre Gesundheit achteten, wie dies auch heute noch der Fall ist, so wird wohl vor allem diese Gruppe am Mittelmeer gelebt haben; oder Menschen, die sich nicht an die intraterrestrischen Häuser gewöhnen konnten.
Eine völlig andere Auffassung vertritt eine Schule junger Wissenschaftler. Sie glaubt, die amphibische Siedlungsweise bot den Menschen den besten Schutz gegen Überfälle. Auf der einen Seite das Meer, sie selbst dicht an dicht wohnend. So konnten sie umherziehenden Colaken jederzeit widerstehen.

Anlaß zu diesen spekulativen Überlegungen gaben die Untersuchungen der Eßgewohnheiten. Darin ähnelten sich erstaunlicherweise alle Bewohner des direkten Küstenstreifens: King-Burger, Hot-Dogs, Pommes frites und Senf stellten ihre Ernährung dar. Wenige hundert Meter im Landesinnern lebten aber Leute mit ganz anderen, sehr viel differenzierteren Speisezetteln. Diese waren von Landschaft zu Landschaft unterschiedlich, aber stets ohne Gemeinsamkeiten mit den Meeresanwohnern.
Daraus schließen die jungen Wissenschaftler, daß friedliche Ureinwohner mit einer gemeinsamen Kultur (zumindest hinsichtlich der Speisen) ursprünglich einmal das gesamte Gebiet besiedelten, später aber von kriegerischen Stämmen an den schmalen Streifen zwischen Land und Meer gedrängt wurden. Dort lebten sie dann notwendigerweise sehr dicht beieinander. Deshalb kam auch die intraterrestrische Bebauung für sie nicht in Frage. Vielmehr waren sie gezwungen, hohe Gebäude am Strand zu errichten. Wegen ihrer großen Zahl konnten sie aber überleben.

Die Entwicklung der Schrift
(Legationsrat L. Legast)

Der primitive Mensch zog eine senkrechte Linie in den Sand oder das Erdreich, wenn er sich etwas merken wollte. Das war der Beginn der Schrift. Für einige Jahrtausende wird dies ausgereicht haben, doch mit zunehmender Komplexität des menschlichen Lebens wurde es dann bald notwendig, für verschiedene Sachverhalte unterschiedliche Linien oder Kombinationen davon zu verwenden. Allmählich entstand daraus der uns bekannte Strichcode, der allerdings nur die Ziffern von null bis neun enthielt.
Schon in den Höhlenbildern von Altamira wurde davon Gebrauch gemacht. So ergab sich die Folge 6-0-7-2-3-5-7, als ein französischer Historiker mit einem ganz normalen, alten Strichcodeleser über die Schwanzhaare eines abgebildeten Büffels fuhr.
Leider ist die Bedeutung der Zahlen bis heute nicht geklärt. Inzwischen wurden aber viele weitere alte Bilder gefunden, die Mitteilungen in dieser Form enthalten. Die Wissenschaft ist sich allein schon deshalb ganz sicher, daß es sich hier um die Urform der Schrift gehandelt hat.
Reste davon finden sich noch in der römischen Schreibweise, wo ein Strich (I) eine Eins bedeutete, zwei senkrechte (II) eine Zwei und drei nebeneinander (III) eine Drei. Das V für Vünf (später auch Fünf geschrieben) stammt dagegen schon aus der Buchstabenschreibweise, die etwa ab dem Jahre Null bis 2000 vorgeherrscht haben muß.
Die Weiterentwicklung zur Buchstabenschreibweise

wurde notwendig, als eine reine Numerierung nicht mehr ausreichte. Bestimmte Worte wurden deshalb nicht mehr durch eine Ziffernfolge dargestellt, sondern mittels neuer Zeichen, den Buchstaben.
Beispiele für diese Schreibweise finden sich auf vielen Totems. So hatte Berlin ursprünglich die Ordnungszahl (auch Postleitzahl genannt) 1, später 1000. In der neuen Schreibweise hieß es dann einfach B. Stickstoff mit der Ordnungszahl 7 wurde zu N.
Außerdem ließen sich neue Begriffe beschreiben, für die es noch keine Nummern gab. Ein weißes P auf blauem Grund bedeutete zum Beispiel Parkplatz oder § Paragraph.
Als der Wortschatz der Menschen weiter zunahm und auch die einzelnen Buchstaben nicht mehr ausreichten, wurden Gruppen geschaffen, die einen Begriff kennzeichneten. So wurde auf Autokennzeichen die Stadt Cham mit CHA, Ulm mit UL und Hof mit HO umschrieben. Die Vereinten Nationen wurden zu UN. Auf Münzen finden wir AD für Anno Domini. Einerseits konnten auf diese Weise Mißverständnisse vermieden werden, andererseits entstanden neue: CAT konnte sowohl Katalysator als auch Katze oder sogar City Air Terminal bedeuten.
Konsequenterweise wurden deshalb die Buchstabengruppen zu Wörtern weiterentwickelt. Dies führte zunächst scheinbar zu Erleichterungen, komplizierte dann aber rasch das Lesen, weil gleichzeitig die Handlichkeit und Übersicht darunter litt. Gewerbesteuerdurchführungsverordnungsnovellenänderungsantragsvorbereitungssitzung oder Zylinderkopfeinlaßventildichtungsringaufbewahrungsbehälterreparaturauftragsannahmestelle waren durchaus keine Rekordhalter an Wortlänge, sondern stellten vielmehr allgemeingebräuchliche Schreibweisen dar. Viele erhaltene Rechnungen und Akten beweisen dies.

Die Entwicklung einer Bilderschrift war wohl der einzige Ausweg und wurde deshalb zu einer zwingenden Notwendigkeit. So wie die Hochkulturen Chinas und Ägyptens in ihrer Blütezeit über eine Fülle genormter Bildzeichen verfügten, schufen sich die Menschen des Dosenzeitalters ihre Piktogramme.
Dabei vollzog sich der Übergang aber keineswegs kontinuierlich oder logisch. Viele Tafeln, die in Mischschreibweise verfaßt wurden, lassen jedes System vermissen. Vor allem bei den erhaltenen Totems wurden oft kurze Worte, wie Bus oder Taxi, durch komplizierte Piktogramme ersetzt, wohingegen »Radfahrer« oder »Fußgänger« noch in Buchstaben geschrieben wurde.
Es gibt auch Darstellungen, die versuchen, jedes Risiko auszuschalten. Dort ist beispielsweise ein Taxi abgebildet, auf dessen Tür die Buchstaben TAXI stehen.
Die Entwicklung vollzog sich also von den einfachen, senkrechten Strichen zu den schon komplizierteren Buchstaben und weiter zu den komplexen Piktogrammen, also gerade andersherum, als wir bislang glaubten.
Dank der Erfindung des beweglichen Bildes war dann die Schrift selbst zur Datenübermittlung nicht mehr notwendig und lebte seither lediglich als reine Kunstform in allen drei Spielarten fort.

Das Sport- und Kulturleben
(Otto Theodor von Scheuffelen)

So eindeutig, wie die Menschen des Dosenzeitalters uns gegenüber technisch im Rückstand waren, so eindeutig dürfte andererseits ihr Vorsprung sein hinsichtlich des kulturellen Lebens. Nahezu jede größere Stadt hatte ein, meist sogar mehrere Theater, darunter solche mit 50 000, 70 000, ja sogar 100 000 Sitzplätzen. Viele von ihnen hatten unterirdische Bewässerungs- und oberirdische Beregnungsanlagen, so daß wir mit Recht von echten Amphitheatern sprechen können. Teilweise konnte sogar der Boden beheizt werden! Die bekanntesten befinden sich in Müngersdorf bei Köln und auf dem Bieberer Berg in Offenbach. Erst kürzlich wurde ein weiteres auf dem Gipfel des Betzenbergs bei Kaiserslautern entdeckt.
Immer wieder wird die Behauptung aufgestellt – teilweise auch von ernstzunehmenden Forschern –, es handele sich hierbei um reine Sportstätten. Manche vertreten gar die Auffassung, dort sei nur eine bestimmte Variante eines Ballspiels betrieben worden. Obwohl die moderne Psychologie solche Meinungen als Manifestation des überheblichen Denkens unserer Zeit entlarvt hat, halten sie sich hartnäckig.
Wir dürfen uns die Menschen des Dosenzeitalters nicht als so primitiv und einfallslos vorstellen, daß sie zu Zehntausenden in ein Theater strömten, um dort einem Ballspiel zusehen zu dürfen.
Außerdem vermag man von den oberen Rängen kaum einen normalen Ball zu erkennen. Andererseits ist die Akustik dort fantastisch, fast besser als auf den vorder-

sten Bänken. Der Verfasser saß selbst einmal im Amphitheater von Müngersdorf in der letzten Reihe, etwa 25 Meter über dem Normalniveau, um zu fotografieren. Als zwei Touristen aus den unterirdischen (intraterrestrischen) Umkleideräumen kamen, konnte er ganz deutlich jedes einzelne Wort verstehen. In dieser Hinsicht stellt die Gesamtanlage eine technische Meisterleistung dar, die mit keinem modernen Theater vergleichbar ist.

Natürlich ist nicht auszuschließen, daß dort auch Sportveranstaltungen stattfanden, doch werden Schauspiele und Tänze die Regel gewesen sein.

Neben diesen Open-Air-Arenen gab es auch überdachte. Die größten in Inzell und Rosenheim faßten immerhin 10 000 bis 20 000 Zuschauer. In einigen konnten nicht nur Wasserspiele veranstaltet werden, sondern es war auch die Möglichkeit gegeben, künstlich Eis zu erzeugen. Wahrscheinlich, um besondere Effekte zu erzielen.

Die einzige reine Sportstätte, die für große Zuschauerzahlen geplant und errichtet wurde, war das Hippodrom von Hockenheim. Dort fanden die Wagenrennen statt. Die Gesamtanlage erlaubte, daß bis zu drei Gespanne mit je zwölf (!) Pferden nebeneinander dem Ziel entgegenjagten. Was muß das für ein Bild gewesen sein!

Das Kunstschaffen
(Dipl.-Hist. Alan T. Miller)

Über das Kunstschaffen einer Epoche kann nur der urteilen, der um die großen Unterschiede in der Vergänglichkeit der einzelnen Werke weiß. So soll es beispielsweise Brunnen aus Marmor gegeben haben, die nur eine Lebenserwartung von wenigen Jahrzehnten, allenfalls einigen Jahrhunderten hatten. Danach waren sie durch den sauren Regen vernichtet. Wir wissen deshalb nichts über sie und können daher auch ihren künstlerischen Wert nicht abschätzen. Dagegen überstand ein Metallrelief die letzten achtzehnhundert Jahre schadlos. Es befand sich auf einem Spazierstock, der in einem intraterrestrischen Haus gefunden wurde. So können wir noch heute die feine Ziselierarbeit bewundern und die exakt ausgearbeiteten Buchstaben »Gruß aus Miltenberg«.
Es gibt vergleichbare Exemplare mit sehr schönen Darstellungen der Vogesen und des Klosters Limburg. Millimeterfeine Arbeiten waren damals nichts Außergewöhnliches, wie sich auch aus den gefundenen Löwenbräudosen ersehen läßt. Sicher wird es ähnliche Arbeiten aus Marmor oder anderen Materialien gegeben haben, auch, wenn uns keine Exemplare erhalten geblieben sind.
Ölbilder überstehen die Zeiten selten. Und wenn, dann verändern sie ihre Farbe und ihre Struktur. Dieser Effekt ist ganz offensichtlich und deutlich an den beiden anscheinend gut erhaltenen Gemälden von Pablo Picasso und Salvador Dalí zu sehen. Die Oberfläche wirkt zwar unbeschädigt, aber dennoch müssen sich inzwischen die Proportionen verschoben haben. Die da-

bei abgelaufenen physikalischen und chemischen Vorgänge sind allerdings noch nicht geklärt.
Im Gegensatz dazu bleiben bei Malereien auf Porzellan sowohl Form als auch Farbe erhalten. Und selbst, wenn die Teller und Tassen teilweise zersprungen sind, lassen sie sich doch oft so weit wieder zusammensetzen, daß wir heute ein realistisches Bild vom Können der damaligen Künstler erhalten. Als Beispiele seien genannt: die berühmte Rose »Gruß zum Muttertag« und die »Petersburger Schlittenfahrt« aus dem Jahr 1998. Wahrscheinlich werden die Bilder von Picasso und Dalí ursprünglich ähnlich ausgesehen haben.
Nicht nur bei Reliefs und Gemälden, auch bei Skulpturen gibt es solche aus unverrottbarem, eingefärbtem Kunststoff, die in größerer Zahl erhalten sind, und solche aus anderen Materialien, die inzwischen entweder verrostet sind oder eingeschmolzen wurden, um in einer gedruckten Schaltung einem neuen Verwendungszweck zu dienen. Die bekanntesten Motive unter den Plastikplastiken sind Mäuse und Zwerge. Manche dieser Schöpfungen waren schon vor dem Jahr 2000 so berühmt, daß sie häufig gefälscht wurden. Sie mußten daher gesetzlich geschützt werden. Dies wiederum hat der Künstler, der sie schuf, wohl als Auszeichnung empfunden. Für uns Forscher ist das insofern ein Glücksfall, als wir aus diesem Grund auch seinen Namen kennen: Walter Disney hatte die Schutzrechte für bestimmte Mäuseplastiken, und ein Herr Schlumpf für die Zwerge.
Die Maler und Bildhauer des Dosenzeitalters gestalteten ihre Werke in der Regel sehr bunt und realistisch. Abstrakte Kunst oder auch nur abstrahierende im modernen Sinn gab es am Ende des 2. Jahrtausends noch nicht. Es sei denn, man sieht in der Tendenz, alles zu vermenschlichen, einen ersten Schritt in diese Richtung. So trugen bei manchen Kunstwerken Enten Matrosenanzüge, und die Autos besaßen Augen anstelle der Scheinwerfer.

Gab es Menschenopfer?
(Domkapitular Franz Josef Maier)

In ferner Vorzeit gaben die Menschen ihr eigenes Leben bedenkenlos hin, wenn es die Ehre, offenbar eine Urgottheit, erforderte. Doch schwand ihr Kult im Dosenzeitalter allmählich. Dafür erstarkte der Verkehr und wurde zu einem der höchsten Götter. Nicht minder grausam als die Ehre, forderte er regelmäßig Opfer: Sachspenden, Tiere und Menschen.
Die Gelehrten glauben zwar, daß die überlieferten Zahlen von Hunderttausenden von Verkehrsopfern pro Jahr und Zehntausenden an Toten maßlose Übertreibungen darstellen. Aber auch, wenn es nur zehn Menschen waren, die dem Gott damals ihr Leben lassen mußten, würde diese Zahl bereits die unvorstellbare Brutalität dieses Kults unterstreichen.
Nach den erhaltenen Berichten zu urteilen, müssen sich viele danach gedrängt haben, als Verkehrsopfer ausgewählt zu werden. Dabei wurde zwischen aktiven und passiven Opfern unterschieden. Die einen wurden von den Priestern, die anderen von der Gunst der Stunde bestimmt.
Prof. Richard Löwenstein konnte verschiedene Kultstätten an Wegekreuzungen nachweisen. Teilweise fand er sogar Vorrichtungen für Kameras mit Beleuchtungseinrichtungen, die einen Opfergang detailgetreu aufzeichneten. Es war möglich, den Platz in rotes, orangefarbenes oder grünes Licht zu tauchen. Die Rituale waren teilweise sehr brutal und endeten mitunter tödlich. Ein solches Ende betrachteten die Betroffenen als ihr Glück, weil sie glaubten, direkt in den

Himmel zu kommen. Jedenfalls versprach das ihre Lehre.
Für die überlebenden Familienmitglieder, die nicht so schnell zur ewigen Seligkeit gelangen konnten, wurde zumindest hier auf Erden gesorgt. Dies erledigten sogenannte Versicherungen, also Bruderschaften, die sie in ihrem Glauben bestärkten (daher der Name) und ihnen außerdem regelmäßig Geschenke zukommen ließen. Regional tätige hießen z. B. Hamburg-Mannheimer oder Aachen-Münchener, andere wiederum Allianz, Inter oder einfach Volksfürsorge.
Wer sich dem Gott des Verkehrs opferte, hatte also sein ewiges Leben und das irdische seiner Angehörigen abgesichert. Es erscheint deshalb nur allzu verständlich, daß nicht jedermann zu solchen Opfergängen zugelassen war. Wurde jemand als unwürdig angesehen, so erhielt er vorsichtshalber keine »Bescheinigung einer ordentlichen Lebensführung« (den sogenannten Führerschein), oder sie wurde ihm entzogen.
Eine solche Maßnahme bedeutete praktisch den Ausschluß aus der Gesellschaft. Viele Berufe durften nicht mehr ausgeführt werden, die soziale Anerkennung fehlte, und auch nach dem Tode wartete ewige Verdammnis.
Erst in jüngster Zeit ist es gelungen, einen Zusammenhang herzustellen zwischen den heiligen Staus und den Verkehrsopfern. Danach soll es vorgekommen sein, daß Tausende von Automobilisten zu einer der Opferstätten des Verkehrsgottes eilten, um dieses Ereignis mit einem entsprechenden Stau zu würdigen.
Mitunter sollen bei solchen Anlässen auch spontan weitere Menschen geopfert worden sein.

Schutzwälle und Befestigungsanlagen
(Dipl.-Arch. Franz Heimer)

Früher wurden sie einfach übersehen, dann falsch interpretiert, und erst seit kurzem weiß man, daß alle größeren Ansiedlungen damit ausgestattet waren. Schutzwälle und Befestigungsanlagen umgaben vorwiegend jene Baugebiete, die in den letzten Jahrzehnten des 20. Jahrhunderts neu errichtet worden waren. Sie sind von Anfang an mitgeplant worden und wurden meist als Erdhügel errichtet, die nach den Berechnungen ebenso hoch waren – mitunter sogar höher –, wie die dahinter befindlichen Gebäude. Von oben war nicht nur eine gute Übersicht, sondern auch eine wirksame Verteidigung möglich.
Die Flächen direkt vor den Schutzwällen mußten verständlicherweise freigehalten werden. Diese zwingende Notwendigkeit nutzten die Bauingenieure der damaligen Zeit, indem sie dort geschotterte oder gar geteerte Wege für Fahrzeuge anlegten. Oft waren es sehr breite Konstruktionen mit mehreren Spuren nebeneinander.
Die frühere Ansicht, es sei gerade andersherum gewesen (also erst, nachdem man die Straße und die Häuser gebaut habe, wäre der Schutzwall entstanden), gilt heute als widerlegt. Man sollte den Aufwand, der getrieben werden muß, um solche Anlagen zu errichten, nicht unterschätzen. Er ist enorm, auch für unsere heutigen Begriffe. In jedem Fall aber ist er viel zu groß, als daß man die Anlagen nur hingestellt haben könnte, um den Lärm von der Straße abzumildern. Dieses Ziel hätte man viel einfacher erreichen können, beispielsweise durch bessere Dämmung der Motoren.

Es muß also etwas Wichtigeres gewesen sein oder etwas Bedrohlicheres, das die Menschen veranlaßt hat, solche Dämme anzulegen. Wovor sie sich genau fürchteten, das können wir nicht sagen. Daß es sich bei den Dämmen aber um Verteidigungsanlagen handelte, darüber gibt es in der Fachwelt keine Zweifel.
Einen klaren Beweis hierfür lieferte die Freilegung eines Schutzwalls der früheren Siedlung Ramtel in Leonberg. Da dort seit der großen Katastrophe niemand gegraben hatte, ließ sich der genaue frühere Verlauf rekonstruieren.
Die Fortifikation hatte ein Tor, das auch für Fahrzeuge passierbar war. An dieser Stelle war der Schutzwall aber nicht einfach unterbrochen, sondern bildete zwei Zungen, die in das Innere der Siedlung eingebogen waren, wobei sie allmählich flacher wurden. Ein möglicher Angreifer, der das Tor stürmen wollte, hätte sich also in einer sehr unangenehmen Situation befunden. Zwischen zwei aufgeschütteten Dämmen wäre er den Verteidigern schutzlos preisgegeben gewesen, wie in einer Falle.
Wenn eine solche Konstruktion je den Namen Lärmschutzwall getragen haben sollte, dann höchstens, weil sie den Lärm des Kampfgetümmels für die Ohren von Frauen und Kindern minderte, die verteidigt werden mußten.

Die unterirdischen Verteidigungsanlagen
(Generalmajor a. D. Rudolf v. Stachowitz)

Als erster wies vor nur 50 Jahren Sir Farnborough darauf hin, daß in den wenigen Schriften (oder besser Zeitungsfetzen), die aus dem Dosenzeitalter erhalten blieben, das Wort Krieg nicht vorkommt. Weder einzeln noch in Zusammensetzungen wie Kriegsminister, Kriegserklärung oder Kriegsvorbereitungen. Es scheint fast so, als handelte es sich hier um ein Tabuwort. Friedenstruppen, Friedensoffensiven und Friedensmärsche findet man dagegen allenthalben.
Man weiß aber heute, daß jede größere Stadt über ein weitverzweigtes, unterirdisches Verteidigungssystem verfügte. Dennoch hat Baron Karl von Jun wohl stark übertrieben, als er im Hamburger Untergrund eine der größten militärischen Sicherungsanlagen entdeckt haben wollte. Er hatte nämlich ganz einfach die Abwasserkanalisation freigelegt, die in weiten Bereichen begehbar war.
Die packende Art, in der er seine Ausgrabungen schilderte, überzeugte zunächst die Fachwelt: Die allen zugänglichen Waffenmagazine beschrieb er ebenso anschaulich wie die Wachstationen, die in die Erde versenkt werden konnten. Heute werden diese Anlagen als Hauptsammler oder Gulli bezeichnet.
Die technischen Möglichkeiten, einzelne Abschnitte gegenseitig abzuschotten, hatte der Baron zwar richtig erkannt, aber ausgehend von seiner Verteidigungsthese als Möglichkeit gedeutet, den Feind zu ertränken, falls der wider Erwarten in einen dieser Abschnitte vorgedrungen sein sollte.

Es dauerte lange, bis die breite Öffentlichkeit von dieser Anschauung Abschied nahm. Baron Karl v. Jun wurde nun als »Lügenbaron« ebenso heftig diffamiert, wie er zuvor gefeiert worden war. Dies hatte wiederum fatale Folgen, denn nun war keiner mehr bereit, Berichte von geheimen, unterirdischen Gängen ernst zu nehmen.

Doch es muß sie gegeben haben. In jeder größeren Stadt sogar. Dabei handelte es sich um ein System von Tunnelröhren mit einem leicht ovalen Querschnitt, deren Höhe regelmäßig 5,50 Meter und deren Breite etwa 6 Meter betrug. Diese Tunnel unterquerten den gesamten Stadtkern, wobei sie sich alle zwei bis drei Kilometer erweiterten, meist unter einer alten Straßenkreuzung. Dort müssen auch die Zugänge gewesen sein, die leicht zu verschließen und zu verteidigen waren. Die Bevölkerung einer Stadt konnte so bei einem Überfall rasch im Untergrund verschwinden und hatte sogar noch genügend Platz für wertvolle Gegenstände, Tiere oder einen Mikrowellenaltar.

Da zunächst niemand an Verteidigungsanlagen glauben wollte, versuchten es die Wissenschaftler anfänglich mit anderen Deutungen. So vermuteten einige, daß es sich bei diesen Röhren um den Treffpunkt eines Geheimkultes gehandelt habe. Andere sahen darin Abstellmöglichkeiten für Kultautos in Zeiten, in denen keine heiligen Staus stattfanden. Für diese Ansicht würden immerhin die schrägen Zufahrtsrampen zu den Tunnels sprechen.

Die extremste Position vertritt aber ein Pastor aus Emden, der in den Tunnels Verkehrswege erkannt haben will. Er stellt sich vor, daß die Menschen in Fahrdosen unter ihrer Stadt befördert worden seien. Die Erweiterungen deutet er als Haltestellen, die schiefen Ebenen als ehemalige Treppen, über die man in den Untergrund oder wieder nach oben gelangen konnte.

Insgesamt wirkt diese Darstellung zunächst überzeu-

gend, wozu sicher auch die sprachliche Gewandtheit des Pastors beiträgt. Sie erklärt aber nicht, warum die Menschen des 20. Jahrhunderts solch einen enormen Aufwand getrieben haben. Denn der unterirdische Transport bringt keinen erkennbaren Vorteil. Wenn oben das Gedränge zu groß war, wie der Pastor annimmt, dann wird es unten wohl auch nicht anders gewesen sein. Außerdem möchte doch niemand eine Stadt unterfahren! Ebensogut und viel einfacher könnte er sie dann auch umfahren. Nein, solch aufwendige Bauten müssen einen anderen Zweck gehabt haben.
Da Menschen schon immer zur Sicherung ihres Lebens gewaltige Anstrengungen unternommen haben, bleibt nur die Schlußfolgerung: Es handelt sich bei diesen Tunnelsystemen um Verteidigungsanlagen. Sie gehörten wahrscheinlich ebenso selbstverständlich zu einer größeren Stadt wie die Stadtmauer im Mittelalter.

Das Grab der Könige
(Dr.-Ing. H. Ratke)

Während die Ägypter der ersten Dynastie ihre Könige in riesigen Pyramiden aus Stein begruben, deren Grundriß rechteckig war, bevorzugten die Menschen gegen Ende des 20. Jahrhunderts runde Gebäude aus Beton mit Kuppeldach. Berühmt sind die Gräberfelder von Biblis mit drei Kuppelbauten, Neckarwestheim mit zwei und Gundremmingen mit vier.
Ähnlich der ägyptischen besticht auch die neuere Bauweise vor allem durch ihre Solidität (Beton, stahlbewehrt, zwei Meter dick). So gehören diese Gebäude zu den ganz wenigen, die, oberirdisch errichtet, die Jahrtausende überstanden.
Sie besitzen weder Tür noch Fenster, nicht einmal einen Luftschlitz. Das Innere ist entweder leer, oder der Inhalt ist gut versteckt und mehrfach abgesichert. Darin ähneln sich die Gräber.
Zu den am besten erforschten gehört Gundremmingen. Da man dort ebensowenig wie bei den anderen einen Eingang fand, wurde der Bau von Altertumsforschern geröntgt. Er enthält demnach hinter zwei Meter dickem Beton eine Kugel aus Stahl, durch die weder elektromagnetische Wellen nach innen, noch von dort nach außen gelangen können. Auch die Untersuchungen mit Hilfe eines Sonografen führten zu keinem sichtbaren Ergebnis.
Ob durch diese Konstruktion ein Kontakt des Toten mit den Lebenden unterbunden oder der Weg seiner Seele in die ewigen Abgründe versperrt werden sollte, wissen wir nicht mit letzter Sicherheit. Nach der ausführlichen

Analyse von Prof. Dr. Hartnagel war das Grab nirgends bemalt und trug auch keine Inschriften. Wir können deshalb nur vermuten, daß in den Kuppelgebäuden die sterblichen Reste der Könige von Gundremmingen aufbewahrt sind. Ein Anbohren oder gar Öffnen dieser massiven Gebäude ist nicht möglich, da mit zunehmender Eindringtiefe die Radioaktivität überproportional steigt.

Diese Sicherungen, die im Volksmund auch als »Fluch der Könige« bezeichnet werden, fanden sich nicht in Zwentendorf, Kalkar und Wackersdorf. Alle drei sind nach der Fertigstellung versiegelt, später jedoch restlos ausgeraubt worden. Nach Schätzungen von Fachleuten werden die übrigen Königsgräber ihr Geheimnis wohl noch mindestens 280 000 Jahre wahren. Um so interessanter sind deshalb die neuerdings diskutierten Hypothesen, nach denen sie gleichzeitig riesige Sternobservatorien gewesen sein sollen.

Diese Idee entwickelte Sir Geoffrey Hughes, als er bei einem Besuch in Gundremmingen gegen Abend die Sonne für einige Augenblicke auf dem obersten Punkt der Kuppel stehen sah, bevor sie dahinter unterging. Und da geschah es: Für Sekunden war die rote Scheibe genau abgedeckt und Sir Geoffrey konnte die Korona sehen. Mit dem bloßen Auge erkannte er eine Riesenprotuberanz am rechten Sonnenrand. Dann war alles vorbei.

Eigentlich ist es ganz einfach, wenn man es weiß. Man muß sich nur in der richtigen Entfernung aufstellen, so daß der obere Halbkreis des Königsgrabes den scheinbar gleichen Durchmesser aufweist wie die Scheibe der Sonne, und natürlich in einem solchen Winkel, daß die Sonne genau dahinter versinkt. Mit etwas Geduld lassen sich dann wunderbare Beobachtungen der Sonnenkorona durchführen, die auch teilweise im Bild festgehalten wurden.

Da nun die Sonne ja scheinbar täglich an einer anderen Stelle des Horizonts auf- bzw. untergeht, verschiebt sich auch der Standort des Protuberanzenbeobachters entsprechend. Deshalb ist die Kuppelform auch die einzig mögliche Bauweise, wenn man kontinuierlich forschen möchte.
Sir Geoffrey hofft, den Königsgräbern weitere Geheimnisse entlocken zu können.

Der Fruchtbarkeitskult
(Msgr. Giovanni Pedro Pino)

Einen Zwerg mit Zipfelmützchen, Schäufelchen und Eimerchen glaubten die Studenten vor sich zu haben, als sie das Standbild des Gottes Schreb-Ehr freigelegt hatten. Doch legte sich ihr Spott rasch, als sie nach und nach erkannten, welch sensationeller Fund ihnen gelungen war. Die Statue aus Ton ist zwar nur etwa 60 cm hoch, aber sehr fein gearbeitet, und sie war ursprünglich bemalt. Im Boden des Sockels ist als Herkunftsbezeichnung eingeritzt: »Made in Hongkong – 1989«.

Auch das hielten die Studenten zunächst für einen Witz, den sich die Töpfer wohl erlaubt hatten. Doch ergab die Luminiszenzanalyse das Herstellungsjahr 1989, und in der Spektralanalyse entsprach die Zusammensetzung gerade jener Tonerde, die auch heute noch in Hongkong an bestimmten Stellen abgebaut wird.

Eine Figur aus so zerbrechlichem Material, die unbeschädigt um beinahe den halben Globus transportiert wird, muß sehr wertvoll gewesen sein. Solche Kostbarkeiten werden normalerweise nicht irgendwo aufgestellt, sondern nur an ausgewählten Plätzen. Deshalb wurde auch die Umgebung der Fundstelle genau untersucht. Dabei ergab sich eigentlich als einzige Besonderheit, daß diese landwirtschaftlich sehr intensiv und sehr kleinräumig genutzt wurde.

Die Durchforstung alter Datenspeicher erbrachte außerdem, daß die Gegend des Fundortes früher einmal »In den Schrebergärten« genannt wurde. Domkapitular

Franz Josef Maier sieht darin die noch ältere – und wahrscheinlich richtigere – Bezeichnung: Gärten des Gottes Schreb-Ehr.
In der Schaufel sieht er das Symbol einer Gottheit, die über die Technik herrscht. (Die Benutzung von Werkzeug ist ja eines der hervorstechenden Merkmale menschlicher Intelligenz.) Gleichzeitig bedeutet die Schaufel die Urbarmachung und Bearbeitung des Erdbodens. Der Gott Schreb-Ehr wird deshalb allgemein als der Gott der Fruchtbarkeit angesehen. Dafür spricht ja auch der Fundort der Statue. Der Eimer als tragbare Dose ist das Zeichen des Fortschritts, die spitze Kopfbedeckung weist auf einen nach oben gerichteten Intellekt.
Die Statue ist im Museum für Archäologie, Mainz, ausgestellt oder als dreidimensionales Bild in der Historischen Datenbank auf Seite 76.56.34.23.99 gespeichert und für jedermann abrufbar.

Die Götterwelt
(Msgr. Giovanni Pedro Pino)

Die Religionsforschung lebt im wesentlichen aus zwei Quellen, den Todesnachrichten und den restaurierten Hausaltären. Wenn jemand als Opfer des Verkehrs sein Leben lassen mußte, für seine Ehre starb oder einen anderen hinrichtete, während er selbst die Notwehr anrief, so können wir sicher sein, daß die Ehren (Verk-Ehr und Notw-Ehr) gefürchtete und blutdürstige Götter waren.
Eine völlig andere Welt erschließt sich uns dagegen, wenn wir die Kultgeräte eines Durchschnittshaushaltes analysieren. Die Aschegefäße, meist aus Metall, Glas oder Porzellan, trugen Götternamen wie Dywidag, Strabag oder Kawag. Ähnliches gilt für die Mikrowellenaltäre. Sie finden sich fast in jedem Haus und bildeten wohl zusammen mit den sehr kunstvoll erstellten Teelichtbehältern den Altar einer Familie.
Jede Ausgrabung und jede Todesnachricht ist wie ein kleines Mosaiksteinchen. Versucht man daraus ein Gesamtbild zu setzen, so stellt es sich uns folgendermaßen dar:
Die Menschen des Dosenzeitalters lebten, wie die meisten primitiven Völker, in der Vorstellung, daß viele Gottheiten ihr Tun überwachten und Tribut forderten. Urmutter aller Gottheiten ist ein schwer faßbares Wesen, daß *Ehr* oder auch *Ehre* hieß. Ihretwegen brachten sich Menschen um, duellierten sich und führten sogar Kriege. Viele Eide wurden auf sie geleistet. Dies alles wohl deshalb, weil sie als anerkannte Autorität im Himmel galt.

Sie hatte vier Nachkommen: Verk, M, W, Lehr und Verz, die vom Volke als Verk-Ehr, M-Ehr, W-Ehr, Lehr-Ehr und Verz-Ehr angebetet wurden.
Verk-Ehr war wie seine Mutter ein Gott, der Menschenopfer forderte. Seinetwegen wurden vermutlich auch die heiligen Staus zelebriert. Er gilt als der Vater aller Agen. Sein ältester Sohn Wagen hinterließ, als er alt wurde und langsam zerfiel, eine Bank, auf die alle Bankengötter ihren Ursprung (Sitz) zurückführen.
Die Agen wurden mächtige Göttergeschlechter, deren Bedeutung aber örtlich unterschiedlich war. So wurde in Hannover der Hanomag, in Köln der Strabag, in Berlin der Kawag und in Bonn der Bundestag angebetet. Dies alles sind Gottheiten, die andernorts nur selten oder gar keine Erwähnung finden.
Die Beziehungen dieser Götter untereinander müssen wir uns ebenso komplex und teilweise unmoralisch vorstellen wie bei den alten Griechen. Überliefert wurde beispielsweise, daß die Strabag eine ihrer Töchter verkauft habe. Es soll sich dabei um eine gewisse Deutag gehandelt haben, von der sich der neue Besitzer allerhand versprochen hat.
Agen wurden nicht nur wie Sklaven gehandelt und verpfändet. Sie wurden auch zu Wettkämpfen (Vergleichen und Konkursen) gezwungen, bei denen sie entweder siegen konnten oder sterben mußten. Letzteres wurde dann umschrieben als »Löschung« oder ausführlicher als »Löschung im Handelsregister«. Manche Agen wurden auch einfach still liquidiert.
Ferner wurden die Bankengötter sehr geachtet. Dies läßt sich deutlich aus den riesigen Tempeln ersehen, die für sie errichtet wurden.
Verz-Ehr, ein weiterer Nachkomme der Ehre, hat ebenfalls viele Menschenleben gefordert. Er scheint aber in der Durchsetzung nicht so ungeduldig gewesen zu sein wie seine Geschwister. Die Frist, die er den Menschen

einräumte, nannte man Mahlzeit. (Daher auch der heute noch übliche Gruß?)
Wer für eine der Ehrengottheiten sterben mußte und dennoch zuvor eine lange Mahlzeit ertrutzte, dem wurde eine Statue errichtet. Solche in Metall gegossene Figuren heißen deshalb noch heute Ehrenmal.
Das erste Ehrenmal soll von W-Ehr, der jüngsten Tochter Ehres, errichtet worden sein. Sie gilt als Göttin der vielen Gestalten. Ihr wurden als Reichs-, Bundes-, Feuer- und Notwehr nachweislich Menschen geopfert.

Das Frankfurter Tempelheiligtum

Noch vor zwanzig Jahren waren die Erdhügel im Frankfurter Bahnwald nur wenigen Wanderern bekannt. Dafür wußte die Spielhöllenbesitzerin in der etwa fünfhundert Meter entfernten »Wirtschaft zum Bahnhof« ihren Besuchern erstaunliche Dinge zu berichten.

Die Erdhügel, die einmal viel größer gewesen sein mußten, seien früher Tempel gewesen und enthielten einen riesigen Schatz, der aber heute keiner mehr sei. Auf die Frage, ob er geraubt oder verrottet sei, wurde dem erstaunten Gast versichert, alles wäre noch unversehrt. Nur die Menschen heute seien anders als damals. Deshalb würden sie auch den Schatz, wenn sie ihn je fänden, zum größten Teil für wertlos halten und ihn achtlos wegwerfen.

Sie berichtete auch von einem Gespenst, das häufig in den letzten Nächten des März, Juni, September und Dezember die Hügel umkreiste und laut jammernd rief: »Ich will mein Disagio wieder! Ich will mein Disagio wieder!«

Dazu erklärte die Wirtin: »Das Gespenst war vermutlich in seinem früheren Leben ein Musiker oder Sänger, der vor den Tempelpriestern gespielt hatte. Das Stück selbst war das Disagio – eine Bezeichnung, die heute nicht mehr geläufig ist, vielleicht aber dem Adagio vergleichbar sein könnte. Da die Priester den Künstler nicht gerecht entlohnen wollten, klagte er sie an, jedoch ohne Erfolg. Weil ihm aber jetzt nach seinem Tod mit einer irdischen Bezahlung nicht mehr gedient ist, fordert er sein Disagio zurück.«

Daß es sich bei ihren Erzählungen nicht um die üblichen Erfindungen bier- oder weinseliger Gehirne gehandelt hat, versuchte sie mit einer Beweisführung zu stützen, die nur schwer widerlegbar ist.
»Normalerweise sind Gespenster Wesen, die in ihrem früheren Leben etwas Schreckliches begangen haben und dafür zur Strafe geistern müssen. Es gibt auf der ganzen Welt nur eine einzige Geschichte, in der nicht der ehemalige Bösewicht, sondern sein Opfer keine Ruhe finden kann. Und das ist die Erzählung von dem Geist, der sein Disagio zurückfordert. Wenn jemand«, so schlußfolgerte sie weiter, »ein Gespenst nur erfindet, so wird er sich doch an den üblichen Rahmen halten, weil man sonst einen Schwindel vermuten könnte. Hier läuft die Geschichte aber entgegen der Norm. Also muß sie wahr sein.«
Schließlich setzte sie ihren Ausführungen die Krone auf mit der Bemerkung: »Es müssen in diesen Tempeln sehr mächtige Priester geherrscht haben, wenn nicht sie spuken, sondern der Betrogene geistert.«
Sir Robert McGregor war es dann, der einen dieser Hügel im Frankfurter Bahnwald systematisch erforschte. Er fand, wie befürchtet, zunächst nichts als Rost, Zementstaub, Sand, Glassplitter und ähnliches, alles eindeutige Hinweise darauf, daß dort Gebäude – vermutlich Tempel – aus Beton errichtet worden waren. Dieses Material wurde in der Zeit um das Jahr zweitausend wohl am häufigsten verwendet, obwohl es in Gebieten, in denen es regelmäßig regnet, nach kürzerer oder längerer Zeit zwangsläufig zerfällt. Doch dann konnte Sir Robert das beinahe vollständig erhaltene Untergeschoß des Tempels der Commerzen freilegen.
Der Frankfurter Bahnwald hat demzufolge seinen Namen der Tatsache zu verdanken, daß er ein Bankheiligtum überwucherte. Vermutlich hieß er früher ein-

mal Bankwald, woraus im Laufe der Jahrhunderte die heutige Bezeichnung entstand.
Aus den Fundamenten und aus der Menge des gefundenen Rostes und des Betonstaubes konnte errechnet werden, daß die Anlage mehr als hundert Meter Höhe gemessen haben muß. Dieses Ausgrabungsergebnis verändert unser Geschichtsbild radikal. Die so fein konstruierten Theorien einiger Historiker über eine Völkerwanderung um die zweite Jahrtausendwende brachen wie Kartenhäuser zusammen. Die vereinzelten Hinweise, die zu dieser Theorie beitrugen, müssen nun in einem neuen, geänderten Rahmen gesehen werden.
Können umherziehende, nomadenähnliche Völker einen solchen Tempel errichtet haben? Mit derartigen Ausmaßen? Die Antwort kann nur ein klares Nein sein. Aber man muß sich stets vor Augen halten: Noch ist es keine Generation her, daß kluge Köpfe an eine Wanderung der Türken nach Kreuzberg glaubten. Heute wissen wir, daß es sich um die Verdrehung und Entstellung eines älteren Berichtes über den Kreuzzug gehandelt haben muß. Man glaubte auch an eine Wanderung der Deutschen nach Mallorca, an eine der reichen Stoier in das Tessin und eine von Italienern nach Wolfsburg.
Brachte schon die Ausgrabung von Sir Robert McGregor eine totale Veränderung unseres Bildes über die Menschen mit sich, die damals lebten, so wurde das Erstaunen der Fachwelt nochmals gesteigert, als durch weitere Forschungen auch diese neugewonnenen Erkenntnisse ganz rasch wieder überholt waren.
Es stellte sich nämlich bald heraus, daß der Tempel der Commerzen keineswegs das Hauptheiligtum des Frankfurter Bahnwaldes war, sondern nur einer unter inzwischen fünf untersuchten. Zur Zeit sind erforscht: der Tempel der Deutschen, der Dresdner, der Zentralen, der Befg und der Theater.
Bis jetzt hat das Ausgrabungsfeld eine Ausdehnung von

etwa 700 × 250 Metern. Es wird im Norden und Süden jeweils durch eine Verteidigungsanlage begrenzt, deren Wände ebenfalls betoniert waren. Man wird sie sich als Teil eines Ringgrabens vorzustellen haben, der das gesamte Frankfurter Tempelheiligtum einfriedete. Probeuntersuchungen scheinen dies zu bestätigen.

Wer die freigelegten Tempelreste besichtigt und in der nahe gelegenen Außenstelle des Planetenmuseums die Modelle der Anlage betrachtet, wer die gefundenen Einzelstücke wie die so gut erhaltenen Blechdosen bewundert, sollte dabei nicht vergessen, daß es auch heute noch viele ungeklärte Fragen gibt:

Warum verwendeten die Baumeister so viel Beton, der sich im Regen der Jahrhunderte doch viel schneller auflöst als die meisten anderen Baustoffe, z. B. Holz oder Ziegel?

Welche Bedeutung haben die parallel verlaufenden Metallschienen, die in einem Teil des Verteidigungsgrabens gefunden wurden?

Warum wurde der Tempel der Theater außerhalb der Einfriedung errichtet?

Auf diese wie auf viele andere Fragen zum Leben unserer Vorfahren hat die Wissenschaft bisher noch keine Antwort gefunden.

Jedoch weckte die Entdeckung der Frankfurter Bankheiligtümer schlagartig das Interesse für die Menschen des Dosenzeitalters. Daher war nicht nur die Fachwelt von der Idee einer dauernden Ausstellung im Frankfurter Museum begeistert, in der die bisherigen Funde über jene Zeit gesammelt und in einer uns verständlichen Form zugänglich gemacht werden. Die wichtigsten Funde und Exponate des Museums sollen an dieser Stelle dem Leser vorgestellt werden.

Rekonstruktionsversuch eines Bankentempels. Rechts im Vordergrund: älteres Modell. Links im Hintergrund: So etwa muß nach den Ausgrabungen von Sir Robert McGregor ein Bankentempel aus der Ferne gewirkt haben.

Bankentempel. Bildrekonstruktion von Msgr. Giovanni Pedro Pino. Links die Silhouette eines etwa 20 Meter hohen Baumes zum Vergleich. Noch vor zehn Jahren hielt man es für ausgeschlossen, daß die Baumeister des ausgehenden 20. Jahrhunderts auch nur bis zur Höhe der Stockwerkseinkerbung – etwa in der Mitte des Tempels – bauen konnten. Heute weiß man, daß es noch viel höhere Bauten gab.

Lebensmitteldosen. Die ergonomisch optimal angeordneten Griffe zum Öffnen der Dose sind kleine technische Meisterleistungen.

Fernmeldedosen. Der Zweck dieser Dosen ist umstritten. Da es bereits vor der zweiten Jahrtausendwende tragbare Telefonapparate gab, glauben die Forscher heute nicht mehr, daß aus solchen Dosen Ferngespräche geführt wurden. Wahrscheinlich wurden sie entweder zu kultischen Handlungen benötigt oder dienten als profanes Magazin.

Wasserdose. Fundort: oberes Donautal, etwa 50 Meter vom Flußufer entfernt (!). Wahrscheinlich war diese Wasserdose ursprünglich für eine niederschlagsarme Gegend bestimmt, wurde aber dann vom Besteller nicht abgeholt.

Fahrdosen. Der Inhalt der senkrecht stehenden Dosen konnte erhitzt werden. Die fahrenden Feuer wurden wahrscheinlich bei Autobahnprozessionen mitgenommen und dienten der Erzeugung großer Weihrauchmengen.

Kombinierte Dose. Neben den reinen Fahr- und Wasserdosen gab es auch Mischformen, wie die hier abgebildete fahrbare Wasserdose.

Lagerdose. Darin wurden sowohl andere Dosen als auch Dosendosen – teilweise sogar noch höhere Formen – aufbewahrt.

Gewitterdose. Gewitterdosen boten nicht nur Schutz bei Regen, sie schützten den Nutzer auch vor Blitzschlag, da kein elektrischer Strom in das Innere gelangen konnte. Vermutlich waren also die Gesetze des Faradayschen Käfigs gegen Ende des 20. Jahrhunderts schon bekannt und wurden auch praktisch verwertet.

Zähltotem. Wahrscheinlich bedeuten die zweimal durchgestrichenen fünf senkrechten Linien die Zahl zehn. Prof. Schneider liest den Totem als »drei hoch zehn«.

Großdosen. Wer reich war, zeigte dies, indem er entweder viele oder große Dosen vor sein Haus stellte.

Dosendosen. Sie gelten als eigentliches Symbol jener Kulturepoche: Dosen, die nur gebaut wurden, um Dosen aufzunehmen.

Mathematischer Totem. Dargestellt ist die Zahl 50 als Ergebnis einer Potentionierung (hoch zwei). Um den ursprünglichen Wert zu erhalten, muß man lediglich die Quadratwurzel ziehen. Es ergibt sich der Wert 7,071068, den man der Zahl 100 hinzurechnet (hundert hoch eins bleibt hundert). Dividiert man das Ergebnis durch den Durchmesser des Totems, der 34 cm beträgt, so erhält man 3,149. Barg dieser Totem das Geheimnis der Kreiszahl Pi?

Zahlentotem. Nach Meinung von Domkapitular Franz Josef Maier enthalten diese Tafeln Angaben über den Sonnenauf- und Untergang, den man von bestimmten Stellen des Fluß- oder Seeufers (Wasser) aus beobachten konnte. Wegen der Hochwassergefahr wurden die Tafeln an sicherer Stelle angebracht.
Diese Deutung ist nicht unumstritten.

Ausgrabung eines intraterrestrischen Hauses. Dipl.-Arch. Heimer hat hier zwei Seiten eines Hauses freigelegt. Das Gebäude war ursprünglich ganz mit Erde bedeckt. Bemerkenswert ist das Eisengeflecht auf der Decke, das wohl den Wurzeln der darüber wachsenden Pflanzen Halt geben sollte.

Kienzle-Park-Uhr. Die Uhren, in parkähnlichen Anlagen errichtet, bilden eine Linie, deren Verlängerung bis zum Horizont exakt den Punkt markiert, an dem die Sonne am Abend des längsten Tages untergeht. Dies geschieht genau dann, wenn die auf dem Bild dargestellte vorderste Uhr abgelaufen ist.

Prozessionsdarstellung. Prozessionen wurden nicht nur in Form von heiligen Autobahnstaus durchgeführt. Es gab sie auch in stark reglementierter Form . . .

. . . oder man verwendete Fahrzeuge anderer Art.

Staualtar. Gut zu erkennen sind die hellen, sonnenbeschienenen Altar-Tafeln, vor denen die Priester in ihren goldenen Gewändern für die Stau-Teilnehmer besonders eindrucksvoll ausgesehen haben müssen.

Die Verfasser

Dipl.-Winz. Claus Adelsberg vom Adelsberg. Vielen bekannt als Vater von Adele von Adelsberg, die inzwischen über siebzigmal in ununterbrochener Folge zur deutschen Weinkönigin gekürt wurde.
Adelsberg ist Direktor des Weinbaumuseums in Mainz. Dort bearbeiten menschenähnliche Roboter in der freien Natur einen Weinberg genau so, wie es vermutlich vor Jahrtausenden von unseren Vorfahren gemacht wurde. Durch seine Tätigkeit lernte Adelsberg den Einfluß des Klimas auf die Schaffenskraft eines Roboters kennen. (Je höher die Luftfeuchtigkeit, desto größer das Ausfallrisiko!)
Seine Schlußfolgerungen über das Klima des 20. Jahrhundert gelten als so scharfsinnig, daß er dafür die silberne Kriminalistennadel der Vereinigung der Steuerprüfer erhielt.
Als er zum erstenmal von Getränkedosen erfuhr, die Rotwein enthalten haben sollen, beschloß er sofort, diesem Thema eine eigene Abteilung seines Museums zu widmen. Die Ergebnisse der dort durchgeführten Forschungen sind im Kapitel »Die Dosendose« nachzulesen.

Dr. Rudolf August Carlfranz. Eine besondere Faszination üben auf ihn alle Lebewesen aus, die sich von ihrer Umgebung ernähren müssen, wie Kiefernspinnen, giftige Waldameisen, Kaninchen, vor allem aber unsere menschlichen Vorfahren. Sie standen täglich vor der Frage: Sterbe ich, weil ich esse, oder gehe ich dieses Risiko nicht ein und verhungere?

Ihrer lebensverachtenden Haltung, der wir wiederum unsere eigene Existenz verdanken, ist der Artikel von Dr. Carlfranz gewidmet.

John Debakey, M.A., geboren in Melbourne als Sohn eines Hamburgers aus Altona und einer Frankfurterin. Er sammelte schon früh Märchen, Sagen und andere Überlieferungen. Daher stammt wohl auch sein Interesse an der Chemie-, Atom- und Computerangst, unter der die Menschen des Dosenzeitalters gelitten haben sollen. Mit seinem Beitrag über Chips will er uns helfen, die Furcht unserer Vorfahren besser zu verstehen.
Debakey glückte als erstem der eindeutige Nachweis, daß keineswegs das gesamte Wissen der Menschheit gespeichert ist. Für diese Erkenntnis bekam er den Großen Preis der Kernspeicherindustrie verliehen.
Die Verifizierung des Zuges der Colaken gelang ihm durch eine Abgleichung des Manko-Daten-Suchprogramms mit den Erzählungen seiner Mutter über die Erzählungen ihrer Mutter.

Dipl.-Arch. Franz Heimer, Jahrgang 3663, erhielt neben vielen weiteren Auszeichnungen 3682 den zweiten Preis im internationalen Wettbewerb »Verdichtetes Wohnen – Menschliches Wohnen«, und 3687 das Goldene Ei für seine Analyse der Frage: »Wieviel Fläche braucht der Mensch?«
Die intraterrestrische Bauweise faszinierte ihn früh, da sie eine Möglichkeit darstellt, den Flächenbedarf des Individuums nahe der Nullmarke zu halten.
Herr Heimer legt großen Wert darauf, festzuhalten, daß *Dipl.-Arch.* Diplom-Architekt bedeutet, und nicht Diplom-Archäologe oder was sich die Leute sonst darunter vorstellen mögen.

Françoise Holder ist heute in aller Welt bekannt als die Erfinderin des Doppelkini oder auch Bikini und ist Inhaberin eines der führenden Modehäuser Frankreichs. Sie glaubte noch nie an einen primitiven Menschen, der keine Freude am Schönen hat.
Sie zeichnet in ihrem Artikel das Bild eines modebewußten Menschen um die zweite Jahrtausendwende, der keinesfalls so primitiv bekleidet war, wie wir uns das allzugerne und allzu unüberlegt vorstellen.

Dipl.-Soz. B. T. Hundertpfund. Die Soziologie gilt als eine sehr junge Wissenschaft, die noch nicht von allen Seiten anerkannt ist. So studierte auch Hundertpfund zunächst Linguistik und nutzt heute seine Kenntnisse bei der Erforschung neuer Sachverhalte.

Priv.-Doz. Dr. Dr. med. H. Kieperer galt lange Zeit unter Medizinmännern als Außenseiter, zählt aber inzwischen zu den Wegbereitern des neuen Gesundheitsdenkens. Nach seiner Auffassung soll ein Arzt nicht nur das Gerät kennen, mit dem der Patientenbehandlungsapparat gewartet und mit dem auch notfalls operiert werden kann, sondern er soll auch verstehen, warum solche Arbeiten notwendig sind.
Die Begeisterung, mit der Dr. Kieperer historische Heilkunde betreibt, entspringt der Bewunderung für jene Medizinmänner, die einen Kranken direkt behandelten. Sie waren dabei nur geschützt vor den Ansteckungen, nicht aber vor den psychischen Schäden, die der dauernde Umgang mit Patienten zwangsläufig zur Folge hat.

Dipl.-Oec. Markus Landsberger, führender Geldtheoretiker (»Geld ist nichts, ohne Geld geht nichts!«) und stellvertretender Vorsitzender des Aufsichtsrats des Bundesvermögensamtes. Er hatte schon mit 17 Jahren

zwei Patente angemeldet über neue Wege, Schulden zu begleichen. Da grundsätzlich aber nur technische Erfindungen angenommen werden, waren seine Ideen patentrechtlich nicht schutzfähig. Er behielt sie daher für sich und testete sie privat aus. Nach dem Studium der Rechtswissenschaften schrieb er das Standardwerk: »Recht muß Recht bleiben! Oder: Wie man sich gegen gerichtliche Schuldeintreibung erfolgreich wehrt.«
Als Leiter des Ressorts »Falschgeld und Falschgeldbekämpfung« erbrachte er, sozusagen als Nebenprodukt, den Nachweis, daß Mark und Pfennig kein Geld waren.
Die Beschäftigung mit der Frage, wie man die Rückzahlung von Schulden vermeidet, führte Landsberger zwangsläufig auch dazu, sich mit dem Kalenderwesen zu befassen. Hängt doch die Einhaltung von Fristen und die richtige Berechnung derselben damit eng zusammen. So entstand auch der weitere Beitrag, den die Redaktion aber stark kürzte. Sie hat alle Passagen gestrichen, in denen Landsberger seinen Lesern rät, aus der Geschichte zu lernen; beispielsweise um Stundung zu bitten, aber damit ein monatelanges Hinauszögern anzustreben.

Legationsrat L. Legast betreibt als Hobby Ahnenforschung. Zur Zeit kämpft er um die richtige Schreibweise seines Namens, die nicht »Legast«, sondern »Le Gast« sei und auf alten französischen Adel verweise.
Da der Prozeß, den der Autor führt, noch in der Schwebe ist, wurde hier nach Absprache auf den Abdruck weiterer persönlicher Daten verzichtet.

Domkapitular Franz Josef Maier hat auf seinen ungezählten Wanderungen in seiner Heimatstadt Eichstätt immer wieder nach der wahren Bedeutung der Hünenstraßen geforscht. Alle Theorien darüber schienen ihm zu kompliziert und unzureichend. Er glaubte nie, daß es

sich um Landeplätze für Weltraumfahrer gehandelt hat und die kleeblattförmigen Kreuzungen Glücksbringer sein sollten. Die hier dargestellte Prozessionshypothese veröffentlichte er erstmals 3703. Seitdem wurde sie mehrfach geändert und wird heute allgemein akzeptiert.
Für seine bahnbrechenden Ideen erhielt er 3717 den Rudolf-Gebauer-Preis des Bistums Eichstätt. Der Festvortrag, den er anläßlich der damit verbundenen Feier hielt, wird in dieser Sammlung abgedruckt.
Die beiden anderen Artikel sind älteren Datums, ohne jedoch inzwischen an Aktualität eingebüßt zu haben.

Dipl.-Hist. Alan T. Miller erhielt bereits im Alter von 42 Monaten von seinem Kindergartencomputer die Freigabe für die Grundlernprogramme in Altfortran, Mathematik und Heimatkunde. Mit 53 Monaten hatte er Zugang zu allen Basisausbildungslehrgängen. Mit 16 Jahren veröffentlichte er seine ersten Monitorgemälde, wobei die dazugehörenden Grafikprogramme alle in Hexametern gehalten waren. Zahlreiche Forschungsberichte haben ihn zu einem der anerkanntesten Historiker werden lassen.
Die vorliegenden Artikel stellen die leicht geänderte Fassung einer Vortragsreihe dar, die auch einzeln auf Video System CC 4000 erhältlich ist.

Msgr. Giovanni Pedro Pino, führendes Mitglied der Direktionskonferenz des Geldverwaltungsinstituts zum Heiligen Geist und somit intimer Kenner der Verflechtungen zwischen Geld und Religion, schrieb die Artikel über die Götterwelt sowie den Fruchtbarkeits- und den Bankkult.
Während der Gründungsphase des Vereins zur Errichtung des Tempelmuseums e.V. war er Präsident dieser gemeinnützigen Einrichtung, ohne deren aktives Trei-

ben der Inhalt der »Banker« heute noch unbekannt wäre. Die Ausgrabung dieser dickwandigen Räume wurde damals unter strengster Geheimhaltung betrieben.
Der Beitrag über den Bankkult macht erstmals einige der inzwischen gesicherten Ergebnisse dieses Teils der Ausgrabungen für die Öffentlichkeit zugänglich.

Dr.-Ing. H. Ratke, Schachspieler und Maschinenbauer, gilt als Entdecker des nach ihm benannten Gesetzes, wonach die Menschen schon lange ausgestorben wären, hätten sie nicht rechtzeitig die Klimaanlage erfunden. Ihm gelang erstmalig der Nachweis, daß im Bankentempel der Dresdner eine Klimaanlage installiert gewesen sein muß. Er vermutet auch in den Königsgräbern Klimaanlagen, ohne dies allerdings bislang beweisen zu können.
Wichtige Veröffentlichungen: »Die Klimaanlage in einer kontaminierten Welt« und »Die Risiken des Aufenthaltes in der sogenannten freien Natur«.

Otto Theodor von Scheuffelen. Die Beschäftigung mit den Feiertagen und der Freizeit gehört zu seinem engeren wissenschaftlichen Aufgabengebiet. Da er seine Pflichten sehr ernst nimmt und durch sie erfüllt ist, interessiert er sich auch in seiner kärglichen Freizeit für dieses Thema.
Die Ergebnisse seiner gründlichen Forschungstätigkeit sollen demnächst unter einer eigenen Sammelnummer archiviert werden.

Generalmajor a. D. Rudolf von Stachowitz war in der Friedenstruppe jahrelang einer der führenden Spezialisten für die Geheimhaltung von Methoden der Geheimhaltung, ein Fachgebiet, über das niemand etwas wissen sollte, am besten auch er selbst nicht. Wie jeder

seiner Kollegen, so hatte auch v. Stachowitz nach einigen Berufsjahren Zweifel, ob es ihn tatsächlich gibt. Da historische Verteidigungsanlagen nicht der gleichen Schweigepflicht unterliegen wie seine übrigen Kenntnisse, hat er als Nachweis seiner realen Existenz inzwischen schon viele Beiträge veröffentlicht. So z. B. über die Befestigungsanlagen in Wackersdorf und den Rhein-Main-Donaukanal als Schutzgraben.
Geplant ist ferner eine Untersuchung des mehrere Kilometer langen Pulverdingertunnels zwischen Stuttgart und Mannheim. Wie der Name schon verrät, handelt es sich dabei keineswegs um eine Anlage, die dem Eisenbahnverkehr diente, sondern vielmehr der Verteidigung.
Bei seinen früh- und vorgeschichtlichen Untersuchungen stieß v. Stachowitz auch auf die Totems, die ja teilweise Befehle und Anordnungen enthalten. Diese untersuchte er mit der gleichen militärischen Gründlichkeit, die auch sein ganzes Leben auszeichnet.

Der Autor

Wolfgang Zöller, geboren 1944 in Würzburg, studierte an der Universität Mannheim Betriebswirtschaft und hielt als Diplom-Handelslehrer dort Vorlesungen über Finanzierung, Bilanzen und Kostenrechnung. Er promovierte in Kaiserslautern zum Dr. phil. und ist heute Geschäftsführer.
Seine schriftstellerische Tätigkeit betrachtet er als ein Hobby, das nicht nur ihm Spaß machen soll.
Bisher veröffentlichte er u. a. »Oscar Scheiffele wird Politiker, aufrecht und erfolglos« und »Der Wetterminister« (1989).